千葉市動物公園
リスタート園長ガイドブック

千葉市動物公園園長
Ishida Osamu
石田 戢

社会評論社

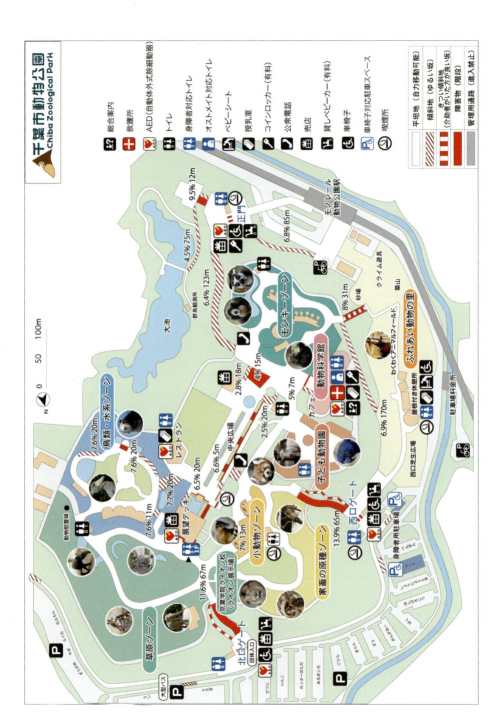

まえがき

千葉市動物公園はその名のとおり千葉市の設立と管理による動物公園である。熊谷俊人市政が発足してから、千葉市の中期計画は３年毎に「実施計画」として作成されている。平成26（2014）年に私が赴任するのと同時にリスタート構想が発表され、翌年第２次実施計画が策定される年であった。つまりリスタート構想をフォローする形で具体的な事業計画が進められることになったわけである。着任して３年で第２次実施計画に基づいてライオン展示施設とふれあい動物の里のオープンにこぎつけ、第３次実施計画でチーター、シマウマ、ハイエナなど残りのアフリカ平原の完成を目指している。またウェルカム動物の配置、なんでも動物館の計画、遊び場計画などいくつかのプロジェクトが同時進行している。

動物園は水族館や博物館と比べてみると分かるが、部分的な改築が可能な施設である。反面、一気に施設を変えることができない。動物園を一時的にも閉鎖することはできないからだ。開園して30年たっているから、あちこちとガタがきている。これまであまり改造してこなかったから、リスタートといってもすぐに全部を変えることはできない。ゆっくりと時間をかけた仕事にならざるをえないのだ。

また博物館のように生きた動物の短期展示を催すことが難しい。少なくとも大型動物ならしっかりとした施設を作らないと許可はおりないし、動物の福祉が叫ばれる今日、動物に余計な負担をかけるわけにもいかない。

このように動物は展示対象としては面倒な存在であるが、なんといっても生き物の迫力は何にも抗しがたい。やりにくいということは誰もができることではない、希少価値があるということでもあるのだ。

動物公園では、20ものプロジェクトを同時進行させて、未来の新しい動物公園形成のために準備を進めている。それだけ解決しなければならない課題が多いのだが、その分だけ新しい動物公園に生まれ変わる可能性も高い。これから変わる動物園を展望しながら、今をみていただけると幸いである。

もくじ

まえがき 3

千葉市動物公園の特徴 6

観察

❶ サル・ゾーン 14
フクロテナガザル 15　ニホンザル・サル山 16
ワオキツネザル 18　ブラッザグエノン 19　フサオマキザル 20
クロザル 21　マンドリル 22　パタスザル 23
ジェフロイクモザル 24　エリマキキツネザル 25
アビシニアコロブス 26　カオムラサキラングール 28
ボルネオオランウータン 29
チンパンジー 31　ニシゴリラ 33

❷ 動物科学館の展示　―教育や情報機能を兼備― 35
科学館1F夜行獣 37　デマレルーセットオオコウモリ 37
ショウガラゴ 38　キンカジューなど 38
科学館2Fバードホール 40
科学館2F小型サル類 42　マーモセット類 42　タマリン類 42

❸ レッサーパンダ、ライオン、キリン回廊 44
レッサーパンダ 45　コツメカワウソ 46　アカハナグマ 47
アメリカビーバー 48　ライオン 49　ミーアキャット 51

アジアゾウ 52　アミメキリン 54　シロオリックス 55
アフリカハゲコウ 56　草原の動物たち 57
グレービーシマウマ 59　オオカンガルー 60
フラミンゴ類 62　マレーバク 63

❹ 鳥類と水辺の動物 64

カラフトフクロウ 65　ヘビクイワシ 66
イヌワシ／オジロワシ 67　エジプトハゲワシ 68
ハシビロコウ 69　ヒロハシサギ 71
ヒオドシジュケイ 71　エミュー 72
カリフォルニアアシカ 73　ケープペンギン 74　水禽池 75

❺ ふれあい動物の里 76

❻ 大池 79

リスタート構想 81

園長日記より 91

千葉市動物公園の歴史 95

あとがき 102

写真提供：千葉市動物公園 ©

千葉市動物公園の特徴

> 　開園以後2回ほど本園に見学にきたことがあったが、それはもう25年前のこと。そのときの記憶では、平坦な場所に樹木も少なく殺風景なところだという印象があった。
>
> 　リスタート構想を考えるにあたり、あらためて何度か園内を見て回ると、樹木も大きく成長し、まったく印象が違っていて、動物公園のもっているほかの園と違った特色が見えてきた。また、仕事についてから気づいたこともあり、そこから始めてみよう。

1　地形・環境と動物園

　千葉市動物公園の入り口は3か所ある。モノレールを下りて正面にある正門、広い駐車場の西側にある西門、車での来園が多い日には西門から迂回するようにして入る北門である。いずれの門からでも入園すると坂が待っている。そうなのだ、動物園は台地の上にあって、その周辺が低地なのである。こうした地形を「舌状台地」と呼ぶのだそうで、周辺を水路や低地に囲まれた台地の上に、動物園の主要部分がある。

　千葉県は関東平野の東南に位置していて、古く縄文時代にはほとんどが海で、そのなかに小さな島が浮かんでおり、その島の部分で採集狩猟民が生活する姿が浮かび上がってくる。展示リニューアルの項（86ページ）で述べるが、坂を上らなければならないというのは、動物公園の改造を考える上で重要な要件である。周辺は低地であるが、360°ではなくて馬蹄形なので、袋小路の部分があって、動物公園を設計するなかで、水田だった片方の袋小路を池にした。それが正門の裏手にある大池である。大池は人工池なのだ。

　開園して30年を超えると、周辺の木立は森と

なり、ほとんど自然のそれと区別がつかなくなっている。大池にはカイツブリやコゲラ、カワセミなどが飛来し、冬季にはカモ類が渡ってくる。そこで定期的にバードウォッチングの会を開催している。また平成28年（2016年）からはアジサイを1,000本ほど植えて、アジサイの名所を目指している。また大池の最奥部は実験的なビオトープ（小動物や植物、昆虫などが共生できる場所）として地域の自然を表現できるよう準備している。

　台地状の地形の上部は平坦なので、どうしても変化に乏しくなる。そこで考えられたのが起伏のある平原である。平原として作り出す区画の周辺を掘り起こして、中央を丘陵状にして芝生を引き、アンテロープ（レイヨウ）やシマウマ、ダチョウを同居展示した。のちにアンテロープ類はシタツンガに代わり、シマウマは丘陵をうまく利用できないために隔離したが、この丘陵は千葉市動物公園の特徴的な美しい景観を生んでいる。この景観を楽しむために、シマウマの前には展望台が設けられている。展望台に上がり、緑いっぱいの丘陵を眺めると、シタツンガ、シマウマやダチョウ、カンムリヅルが遠望できるが、さらにその向こうに一面の緑を背景にキリンの運動場に臨むことができる。

　園内の樹木は崖地などを除いてほぼすべて30年前の開園を期して植樹したものである。通常、時間の経過に応じて、密植した樹木を間引く、新しく動物舎を改造・新設するために伐採するなどの行為が入るが、それらがほとんど行われなったために、樹木はほぼ一様に大きく育ち、森を形成して、暗くなってしまった場所もある。

② 動物展示スタイルの特徴

　動物公園の展示形式にはいくつかの目標と制限がある。それはできるだけ接近する、観客と動物の間の障害物を少なくする、自然に近い設定にすることなどであるが、だからといって動物に接触してはならない。これは動物舎建設にあたって最初に決めなければならないことなのである。つまり、動物との間をネットや柵にするか、堀を設けるか、ガラスを張る、あるいはそのほかの工夫をするかなどを選ばなければならない。ネットや柵にすれば煩わしい。堀を設けた場合はその分だけ距離が離れる。またガラスの場合、とくに30年前だと強化ガラスが高価であり破損する恐れがあり、写真を撮ると反射してしまうという欠点もあった。

　そこで千葉市の場合は、動物の運動場を低くして擁壁で動物との間をはなす手法を取った。キリン（8ページ写真）やオリックス、シマウマ、バクなどの展示に見られる形式である。ひろい意味でピット式といってもよい。この方式の問

題点は、同一平面で動物を観察できないことにある。例えばキリンの背の高さを感じにくい。また、最近とくに指摘され始めていることであるが、なるべく動物を高いところにおいて動物に尊厳性を付与して、気高さを表現すべきだと考える方向に傾いており、賛同する向きも多い。

　ピット式を中心に展示場を作った結果、ガラスを使った動物展示や堀（モート）などはほとんど見られない。

3　風太（フウタ）とその一家

　千葉市動物公園で全国的に知られている動物といえば、まずレッサーパンダであろう。千葉市に赴任する前に、「千葉には何がいるの」と聞かれることがあったが、「レッサーパンダの風太がいます」と答えると、だいたいの人は理解してくれた。立ち上がる風太は千葉の象徴的存在なのである。

　千葉市動物公園は全国的にも地味な動物園といえるが、平成17年（2005）、マスコミ報道で"立ち上がるレッサーパンダ"として取り上げられたのをきっかけに風太ブームを起こした。実はレッサーパンダが立つのはそれほど珍しいことではないのだが、風太の立ち上がり方は他のパンダとはいささか異なる。

　上の写真は風太の立ち上がった姿（左）と、連れ合いのチイチイの立ち姿（右）とを比べてみたものだ。風太は前肢（四足動物の前足）を下にぶら下げたように立っているが、チイチイの姿は前肢の肘に当たる部分から上を向いている。このだらりとした前肢が風太の特徴であって、これが全国的に話題を呼んだ。さらに、風太は端正な顔だちをしており、子作りもうまい。これまで8頭の子を作り、現在では孫、ひ孫、夜叉孫も生まれていて、係累（家族）が何頭いるのか正確に把握するのが難しい。今日もどこかで生まれているかもしれない。

　この人気をうけて、平成23（2011）年、新しく運動場を増設。よく知られているように、レッサーパンダは樹上性で、竹や笹など極めて消化しにくい食性である。そのため高い柱や樹木を植えて、樹上生活を満喫できるようにセットしてある。枝を伝ってするすると梢（柄の先）近くまで登り、木の上でたくみに枝の元に安息場を見出し、枝に隠れるようにして休む。前肢で笹の葉をつかみ、食いちぎって食べる姿はいつでも人気の展示である。

　開園当初、展示場は1つだったが、周囲に拡張して5つの展示場を設けている。パンダ舎を見て後ろ側には、熱烈な風太ファンから贈られた風太とチイチイ夫妻と2頭の子ども風花とユウタのモニュメントが建てられている。風太の人気が想像できよう。

④　非回遊式配列

　多くの動物園は回遊式の配列になっている。入口から入って出ていくまでに、一筆書きのラインを描いて、園内の動物のすべてをまんべんなく見ることができるように設計されている。もっとも簡単なのは、動物舎に番号が付いていて、それを追っていけばすべてを観覧することができる動物園も少なくない。

入園門が2つある場合でも、途中から番号を追っていけば何とかなる。しかし千葉市動物公園の場合は、まず通路が広く、しかも広場と一体化しており、見通しも広い。通路の区別がつきにくいということは観覧順路がわかりにくいことを

意味している。また入口が3か所あることも分かりにくさに拍車をかけている。そこで、こうした問題を解決するために、平面をゾーンで色分けして区別することでわかりにくさを解消しようとしたようだ。

今後もこれらの不便さを完全に解消するのは難しいが、いくつかのランドマークをセットして、それを起点にミニ回遊ゾーンをいくつか作って分かりやすくするのがいいだろう。ようするに、自分が今どこに立っているのかを分かりやすくすることによって、動物の位置も分かりやすくする方法である。

5 車社会・千葉と駐車場、そして来園者の年齢

動物公園へのアクセスは自動車とモノレールによるものが大部分を占める。西門と北門からの来園者は自動車、正門からはモノレールを利用する来園者が多数を占める。しかし、その内訳をみると、正門からは20％程度であって、それ以外は自家用車によるものである。そして、それを支えているのが1,700台収容できる駐車場である。おそらく都市型動物園でこれだけの駐車台数を併設している動物は日本にはないと思われる。

入園者の年齢構成を調べてみると、団体来園者を除く一般来園者の中で、一番多いのは1〜3歳の子どもとその親世代であり、特に1〜2歳が多いのである。筆者は東京の上野、多摩、横浜の野毛山などの入園者調査をおこなったことがあるが、上野では3歳、多摩では2歳が一番多く、野毛山は3〜4歳であった。この違いは交通手段によって引き起こされている、というのが結論であった。すなわち、自家用車比率の低い上野動物園や野毛山では最多年齢層が高い、つまり公共交通機関を利用できるのは、幼稚園に通えるような年層なのであり、

それ以下だと自家用車に依存する比率が高くなるということだ。千葉市が上野などより低く、多摩動物公園よりも低いということは自家用車比率がこれらのなかでもっとも高いことの結果だと推測される。

　すでに述べたように、通路が広く、広場と一体化していることも小さな幼児を自由に遊ばせるのに適している。千葉市動物公園は、幼児を自家用車で初外出させるに都合がよいのではないだろうか。いいかえれば、子育て支援施設としても使われているのであろう。加えて、千葉市及びその周辺市は車社会でもある。かつて遊園地があった頃には3〜5歳の入園者が現在より多めだったと考えられる。そこで新しくできた「ふれあい動物の里」(76ページ)には、遊園地の動物版として同様の来園者及びその上の年齢層への誘致が期待されている。

６ 子ども動物園

　子ども動物園といえば、動物との「ふれあい」が思い浮かぶが、千葉市の場合には、動物と触れ合う場であるとともに、子どもに対する教育の場であることが強調されている。動物との直接的な接触は、動物園ではほぼ家畜に限定されており、野生動物に触れる活動は最近では行われることが少ない。特に直近では、家畜であっても直接接触する場合には、動物福祉の観点から、酷使しない、動物に危害が加わらないなどの配慮が必要になっている。ましてや野生動物にあっては、動物の側からも人間の側からも多くの問題を抱えており、ほとんど実施していない。そのため、子ども動物園から野生動物が撤退する例が多くなっている。千葉では、積極的に野生動物を配して非接触的な教育活動も重視している。

　まず、ふれあいを伴った活動として挙げられるのは、ヤギ広場である。ここではヤギ、ヒツジを放飼して自由にふれあうことができるようになっている。

子ども動物園アーケード　　　　　　　ヤギの放飼場

ここでの特異点はふれあいだけではなく、清掃用具などをおいて糞掃除などができる参加型の工夫がしてあることだ。また餌やり活動としては、毎日時刻を設定してヤギに餌やりが行えるようになっている。ウシ、ウマ、ブタなどは間近に見
ることができる。幼稚園や小学校などの学校団体に対する活動としては、コンタクトコーナーを建設してテンジクネズミなどのふれあい指導も実施しているのは他の動物園と変わらない。

　子ども動物園の教育活動の焦点は、ヒントの効いた解説文と言葉による解説である。インコ、カピバラ、ペンギン、プレーリードッグ、カメなどの小動物を近くから見て観察する、すぐそばに常時人がついていれば、動物との間のトラブルを避けることができるし、指導も容易である。動物の観察の仕方や特徴を解説する職員がいることが重要なのである。

　こうした教育活動を支えるために、各種の教材、ワークシートやプログラムの事例を作り、学校団体が事前学習を容易に行えるような準備も進めている。子どもたちとの直接的な教育活動と連携して、教員との接触も強めている。夏休みには教員への講座を実施し、学校現場での事態の把握を務めるとともに、小動物の飼い方、国語の教科書に出てくる動物の解説、動物実験の仕方など通常の学校教育活動に役立てるようにしている。

7 猛獣のいない動物園 ──なぜ猛獣がいなかったのか

　ライオンの展示施設ができるまで、千葉市動物公園にはいわゆる猛獣は飼育されていなかった。もっとも、正確には猛獣という概念はあいまいなもので、ゾウは猛獣といえば猛獣であるし、食肉目という観点からはカワウソ、ミーアキャットが飼育されている。とはいえ、一般に猛獣と認識されている動物がなかった。昭和54年（1979）、君津市の神野寺で飼われていたトラが脱出して大騒ぎになった事件があった。動物公園の開設は昭和60年（1985）でちょうど動物園の設置を検討していた時期にあたるため、神野寺のトラ騒動と動物公園の猛獣不在とを結びつけて考えられたのである。実は事件が起きる前に構想は出来上がっていて、その段階ですでに猛獣を飼育しないことになっていたというのが真相である。しかしなぜ猛獣を飼育しないことに決められたのか、その理由は文書には残されておらず、なお不明である。とはいえ、ライオン展示施設の建設に当たっては、ことは慎重に進められ、施設も動物と外側との遮断体制は3重になっており、脱出防止に万全を期している。

　猛獣を配置しない代わりに焦点をあてたのはサル類である。ゴリラ、オランウータン、チンパンジーの3種の大型類人猿と特徴のあるサル類を飼育して、サル類のコレクションとしては日本有数の展示を行っている。また、当初は畑だった台地の上に欅、桜などの樹木を多量に植樹した。その後、ほとんど新しい動物舎を作らなかったことから、樹木は成長して、結果的に随所に大きな森を点在させることになった。また、台地を取り巻く斜面はうっそうとした斜面林となって周囲と隔絶した緑の島を形成するに至っている。

　動物公園の入り口は3か所あるので、どの門から入るかによって見る順序はまったく異なることになる。今回の案内は、まず正門から出発することにしよう。モノレール駅から降りて陸橋を渡ると正門で、中に入ると前方の森越しの低いところに、すでに紹介した大池がある。（動物園の催しとしては、冬季を中心にして行われるバードウォッチングがある。）

　それでは、動物たちを観察してゆこう。

1 サル・ゾーン

　千葉市動物公園の特徴の1つとして挙げられるサルのコレクションである。26種類の霊長類がいるが、このサルゾーンにはそのうち16種類（亜種を含む）のサル類が展示されていて、多くの霊長類を比較して見られるようになっている。それぞれの近縁度、生息地、樹上性・地上性の違い、行動や食性も理解できるようにしている。

フクロテナガザル

　正門を入って坂を登ると左手に3種類の霊長類が見える。すると突然大きな声が聞こえる。

　見ていると声を出しながら、フクロテナガザルが円形の雲梯を自在に渡り始める。お客さんはしばらく眺めて動きが止まると拍手である。この行動はブラキエーションといってヒトに近い類人猿固有の行動で、ほかのサル類、例えばニホンザルにはできない。そのうちもう1頭のテナガザルが同調して喉にある袋を膨らませながら大声をだす。実はこの2頭仲の良いペアで、最初に発声するのがメス、それに追従するよう吠えるのがオスである。オスが先に吠えることはほとんどない。

　この吠え声、よく聞いてみると2種類の音がでている。

　まず、低いホーという音を出し、次に叫ぶような声を出す。実は最初の低音は空気を吸い込むときに出す音で、その吸い込んだ空気を吐き出す声が、2番目の大きな声なのだ。

　初めて見た人は、2個体がそれぞれ

15

違った声を出しているのではないかと誤解する向きもあるが、同じ個体が出しているのだ。こうして喉に空気をため込んで出すことができるので、声が増幅され遠くの個体にも届くことができる。ペアの縄張りを主張するために発達したと考えられる。もちろん、ペアの間や子どもとのコミュニケーションにも役立つだろう。また低音はエネルギーが大きいため、より遠くに届くことができる。

テナガザルの運動場は浅い水堀で囲まれている。このくらいの深さなら飛び出てこないのだろうか。実はテナガザル、水が嫌いなのである。一般に樹上生活者は水に入るのを嫌がる。しかもテナガザルは、いつも両手のどちらかが枝に触れていないと不安を感じるのだろう、周囲の木の枝が近くにない限りは脱出することはないから心配はない。

ニホンザル・サル山

　テナガザルに惹かれて少し先に行ってしまったが、反対側のサル山にはニホンザルが20数頭、群れで生活している。この群れ、開園に合わせて大阪の箕面市から千葉にやってきて、そのまま同じ群れを形成している。新しい個体（群）を導入する必要があるが、外部から群れに入れるのは極めて難しい。まずは激しい闘争が起きることを心配しなければならない。先にいる個体群は結束して追い出そうとするだろうし、そうなれば新規の群れは不利であるが、逃げる空間はないので、熾烈な戦いになるであろう。日本の動物園だけではなく、サルの群れ飼いは世界的に同じような悩みを抱えている。

　サル山の魅力は、多くの個体がそれぞれ異なった行動をしてくれることにある。飼育係が使うサルの行動リストには20種以上の行動が準備されている。ニホンザルは本来、樹上生活者である。昭和初期に上野動物園で採用されたサル山形式は、動物の姿を見るのに適しているせいか、各地で同じ形式がとられた。千葉もその例に倣っている。岩山を組んで起伏を作り、そこを歩き回るという形式である。実際のニホンザルは、森林に生息する動物で、木々の間を渡って移動するのが得意である。そのことに気づいて以後、できるだけ樹木を供給して、枝を渡るように工夫している。サル山で観察してもらいたいのは、ニホンザルの行動もそうであるが、なんといっても隣のテナガザルとの歩き方の違いである。ニホンザルは4本の足を使って立ち歩きをしている。ロープを渡る時でも、ロープの上を4本足で歩き、わたり歩きはしない、できないのだ。

ワオキツネザル

　テナガザルの奥には、ワオキツネザルがテナガザルと同様の水堀に囲まれた島状の運動場にいる。こちらは地上生活者であり、ジャンプするのが得意な種である。従って、テナガザル島には水堀以外の囲みはないが、キツネザルの運動場は、電柵で囲まれていて、寝部屋の上部にも電柵が設置されている。脱出防止である。キツネザルの仲間はすべてアフリカ大陸の東400km離れたマダガスカル島にしか生息していない。このグループは、マダガスカルで特異な進化を遂げた。マダガスカル島は、6,000万年以上前にアフリカ大陸から分離した島で、その時にはまだ霊長類は存在していない。マダガスカル島のキツネザルが、実はどのようにしてマダガスカルに渡ってきたのかがいまだによく分からないが、マダガスカルに来て多様な種類に分化し、発展したのである。この島には有力な動物がいなかったのだろう、肉食、虫食、葉食と食性も異なり、樹上性、地上性などの生活空間、乾燥地、熱帯雨林、疎林など生息環境など違いに応じてそれぞれ別の種に進化した。同じようなケースは、オーストラリアの有袋類、ガラパゴス諸島、日本では小笠原諸島にも見られる適応放散と呼ばれる現象である。

　名前のとおり尻尾が輪状の縞々になっていて、猫に似た声を出して隣のテナガザルの叫び声に対抗することもある。

ブラッザグエノン

　白いヒゲ、オレンジがかった額、このサルはサルの世界のイケメンナンバーワンといってもよい。ケニヤからカメルーンといっても分かりにくいが、アフリカの赤道ベルト地帯、熱帯雨林を中心に広く分布する種である。森林の中でも川沿いに住む種で、サルの中では水を嫌わない数少ない種でもある。樹上、陸上、時に水の中と生息範囲も広く、多くの種子散布者として知られている。ブラッザは探検家で、おそらくはこのサルの発見者である。

サル比較舎

　サル比較舎には9種のサルが展示されている。比較舎の名のとおり、サル類の様々な特徴を比較して見ることができる。生息地（アジア、アフリカ、マダガスカル、南米）、樹上性・地上性、様々な行動や生態である。

フサオマキザル

　サル比較舎のサルは特殊なサルが多く、その中でもフサオマキザルは道具を使うサルとして知られている。その意味で南米のチンパンジーとも呼ばれる。オスは強面の顔をしているが、優しくて仲間を守る意識が強くて子どもの面倒もよく見ている。人間の介助サルとしても使われることがあるくらい認知能力が高く、好奇心も高い。樹木をおいておくとすぐにいたずらをする器用なサルで、観察しがいのある種である。大人の利用者が数人近づくと、群れのリーダーであるオスは、驚異を感じるのか、前に出てきて歯をむき出して、威嚇する。この親爺さん、なんでも自分でやらないとすまない性格なのか、餌をあげても自分が最初にとるし、子どもの好奇心よりも親爺のおせっかいといった感じである。愛すべきサル親爺といえよう。おかげでメスや子どもたちはすっかり任せっきりで、あきらめ顔である。こうした性格や行動から、古くからペットして飼育されて、また実験用のサルとしても用いられてきた。

クロザル

クロザルはインドネシアのスラウェシ（セレベス）島の東北端にのみ生息する希少なサルである。長いこと分類的位置づけがよく分からなかった種であるが、ニホンザルなどと同様にマカク属であることが分かった。頭髪は、逆立っており、モヒカン型にも見える。

名前のとおり全身が黒いが、顔の表面の毛の部分が少なく、それを利用して様々な表情を作ってコミュニケーションすることで知られている。メスは繁殖期になるとお尻がはれ上がり、リップ・スマッキングといって口を素早く開け閉めしてオスを誘う。

マンドリル

　マンドリルを語るのに多くの言葉はいらない。一目見ればこのヒヒが並みのサルではないことが分かる。顔面の極採色、赤と青、顎髭(あごひげ)の黄色、鼻の両側の筋のついた盛り上がり、お尻の周辺は紫、青、赤は、綺麗というよりはびっくり色である。地上性で、類人猿を除いては最大のサルであり、ヒヒと近縁である。この採色は、ヒョウやほかの天敵を驚かすのに役立っているであろうと想像できる。時に大きな牙で相手を驚かすことができる。こうして地上生活に適応してきたものと思われる。メスは大きさこそオスよりふたまわりほど小さいが、極彩色なのは同じで、怪異であることは違わない。

パタスザル

　サル類は樹上生活から始まったと考えられるが、このサルは、熱帯雨林と沙漠の間、サバンナの草原に群れを作って生息している。群れは数十頭まで大きくなることもある。時に立ち上がって周囲を見回し、危険を察知すると猛スピードで逃げ去る。長い肢がそれを助けになっている。遠くから見ると大型のイヌが歩いているようにも見える。イヌ型のサルなのだ。ここにあるサル比較舎の中で子どもが生まれると、その姿を好奇心にあふれた顔をして眺めている。周囲の環境に敏感に反応するのである。警戒心が強いのかも知れない。

ジェフロイクモザル

　ジェフロイクモザルは南米に生息するサルで、樹間を渡る時にクモのように見えることからこの名前がつけられた。ただしクモは8本足であるけれど。ジェフロイは名付けた人の名前である。南米のサルはすべて樹上性専門で地上性の種類はいない。樹上生活に適応しているかどうかは、親指の退化の程度と関係している。このクモザルの親指はほぼ完全に退化している。樹間を腕渡りするのに、親指は邪魔なことが多いのである。またオマキザルと同様、しっぽを枝に巻きつけて行動する。見ているとわかるが、4本の脚としっぽ1本のうち、ほとんど3本は枝に巻きついて動いている。上部のテラスに座っている時も、何かしら近くの枝状のものにつかまっている。このしっぽにはひだひだの掌紋(しょうもん)があって、巻きつけた時に滑らないようになっている。ジェフロイクモザルはこの大きさのサルとしては長寿で、記録では47歳というのがいる。千葉のオス個体の「ライズ」は開園する前に来て、現在まで継続して飼育され、毎年「敬老の日」には、ゾウガメとともに長寿の表彰の対象になっている。

エリマキキツネザル

キツネザルの仲間は、すでにワオキツネザルのところで紹介したが、エリマキキツネザルはその中で最大の種である。黒い体に白いエリマキを巻いたようになっていて美しい。ワシントン条約でもⅠ表に登録されていて、希少種である。ワシントン条約とは、絶滅の恐れのある野生動植物種の国際間の取引きを制限する条約である。取引きを制限することによって間接的に絶滅の危機から守ろうという趣旨だ。貴重なレベルによってⅠ～Ⅲ表に分けられていて、Ⅰ表はもっとも絶滅の恐れが高いものが入れられている。

群れのどれかが大声を上げると全体が大声を上げるため、騒がしい動物種でもある。

アビシニアコロブス

　アビシニアコロブスは黒毛を基本にその中に美しい白毛が覆うように配置されている。この白と黒の配置が地域によって微妙に違っており、そのため10以上の亜種に分けるなど、分類学者間の論争はおさまっていない美しいサルだ。千葉ではそのうち、キクユ型とコンゴ型の2種類を展示している。ちょっと目には違いがないように見えるが、体から長いしっぽまでの白毛の配置が微妙に異なる。何度か出産しているが、生まれたばかりの赤ちゃんは真っ白で、1か月くらいから黒毛が混ざって、次第に黒い部分が大きくなってくる。アビシニアとは、現在のエチオピア周辺の古い呼び名で、エチオピアを中心にアフリカの東部の樹林に住んでいる。ほぼ完全な樹上性で、形態

の特徴は腹部が膨らんでいる。コロブスの仲間は複数の胃を持っていて第一胃にバクテリアや原虫などを住まわせており、そのバクテリア類が植物繊維を分解して、その成果物を栄養源にしている。腹部の膨らみは、この複数ある胃袋と長い腸のためである。長いこと反芻(はんすう)はしないとされていたが、最近では反芻のような行為が目撃されていて、詳細はこれからの調査研究で明らかになるであろう。

カオムラサキ
ラングール

　この種はスリランカのみに生息する固有種である。日本で飼育されているのは千葉市のみであるが、かつて数頭繁殖に成功している。日本動物園水族館協会では、最初に繁殖に成功した動物園に繁殖賞を与えていて、千葉では28種の繁殖賞を受賞していて、そのうちの1つでもある。

　サルの仲間は様々な呼び名で呼ばれていて、ラングールとルトンなどは極めて近縁のグループであるが、旧インド（インド、パキスタン、ミャンマー、スリランカ）ではラングールと呼ばれ、マレーシア、インドネシアではルトンと呼ばれる。体が細いために、別名ヤセザルとも言われる。尾も細くて長い。樹上性で木の葉に特化して食べるためリーフモンキーとも呼ばれるサル類の一種である。体に比べ目も大きいので、異様に思われることがある。

　ラングールの展示でサル比較舎は終わり、右手に回るとオランウータン、チンパンジー、ゴリラと3種の大型類人猿が現れる。

ボルネオオランウータン

　オランウータンは東京からほぼ真南、赤道直下のボルネオ島とスマトラ島にのみ残存している大型類人猿で、当園にいるのはボルネオの種である。熱帯樹林の樹上に生息して、樹間を渡り、果実を中心に蕾なども食べる、ほぼ純粋な植物食である。通常はオスとメスとは別に生活している単独生活者で、オスは成熟すると頬の脇に大きな肉垂れが発達してくる。オスの性徴でフランジと呼ばれる。5～6年程度の間隔をあけて発情するメスを見つけて繁殖行動をする。オスとメスとは、このフランジだけではなく、体重も2～3倍ほど違い、一見すると別種の様に見える。こうした性による違いを持つ種を性的二型という。

　メスは出産すると母子で4～5年一緒に暮らした後、母子の分離を迎える。これまでは、独立した子どもは母親と関係を持たないとされていたが、最近の研究では母子の関係はとぎれるわけ

ではなく、声を交わしたり、姿を見せることで距離をおいた親しさを保っているようだ。また、子どもたちは近くに来ると一時的に遊んでいる姿を観察されており、メス同士は相互に排除的ではないようであるが、通常生息域はともにしない。

　オランウータンの住む熱帯雨林は、樹林の伐採、アブラヤシの大規模プランテーション、森林火災などによって急速に縮小しており、そのため、プランテーションの制御、個体の保護及びリハビリ・野生復帰などの活動が行われているが、個体数の減少を食い止めるまでには至っていない。ボルネオ島の近くにあるスマトラ島にもスマトラオランウータンがあるが、別種である。スマトラ島の個体数は特に危機的であって、数百頭しかいないといわれている。

　動物園では、園内での繁殖の活発化などを全国的に協力して進めているが、日本では顕著な成果を見せていない。当園でも繁殖行動をとらないことから、人工授精などを試みてきたが、いまだ成功していない。

チンパンジー

アフリカの熱帯雨林からサバンナにかけて生息する種で、大型類人猿の中では最も生息域が広い。主に樹上で生活するが移動するときは地上に降りる。いくつかの母子を中心とした比較的大きな群れを形成し、数頭のオスが緩やかな群れを統括する。複雄複雌群ということがいえる。植物食を中心とするが、小型のサルやヒヒ類などを襲って食べることもある。好肉食性の雑食であり、攻撃性は類人猿の中では最も高い。雌雄の大きさはそれほど違わないが、オスの方がやや大型である。

メスは成長すると群れを離れ、ほかの群れのオスと一緒になることによってその群れに溶け込んでいく。オスは成長しても群れに残る傾向が強い。

多くの道具を使用して採食などをすることで知られており、また社会的行動も盛んであることから、動物園では道具を使った展示を行っているところも多い。また長い間、動物芸をして人気を集めていたが、最近では、動物芸は批判の的とされ、忌避されるようになった。戦争に伴う食害や狩猟、森林の縮小などによって個体数は減少して

おり、ほかの類人猿と同様絶滅の恐れが高い。そこで動物園内での繁殖が必須のことになる。これはゴリラやオランウータンと事情がまったく同じである。千葉には3頭を飼育していたが、その内2頭のメスは野生由来の個体で、貴重な血統となる。しかしオスが交尾行動を起こさないために繁殖が困難になっている。そこでメスのうち1頭を鹿児島の平川動物園に預けて繁殖の促進を目指している。

類人猿の行動や生態に関する研究は、近年著しく進んできていて、新しい知見が分かってきている。チンパンジーについても従来は地上での行動が多いとされていたが、近年の研究では樹上性が高いことが分かってきている。そのため、動物舎や運動場もそれにあわせて改造しなければならないが、ハードな構築物の改築は簡単にできないので、こうした最新の知見にできるだけ早く対応することが動物園の大きな課題である。チンパンジーは、群れで生活する社会性の高い種でもあるから、多頭飼育が望ましいが、これもまた課題である。

ニシゴリラ

　ゴリラほど誤解されている動物種はいないのではないか。オスのゴリラは、そのいかつい風貌とがっしりした体軀（体つき）によって、乱暴者のイメージを持たれやすい。おそらくその上にキングコングのイメージが重なって凶悪に見られたのであろう。ゴリラのオスはメスと子どもからなる群れを統率し、外敵が現れると群れを守るために率先して立ち向かう。人間と遭遇した時にもそうした行動に出るために凶暴な生活と誤解されてしまった。これらの結果ゴリラのイメージは固まっていったと考えられる。

　実際は、外敵に威嚇はするもののよほど接近しなければ攻撃的になることはない。オスは成長して群れを構えるようになると、背中が白くなってシルバーバックと呼ばれる。群れはシルバーバックと数頭のメスとその子どもでできている。多くの哺乳類はオスが子どものめんどうをみることはないが、ゴリラに関してはオスも子どもたちとよく遊びめんどうをみる。子ども

たちは成長すると群れから離れ、メスは他のオスとペアを形成し、オスはオスの群れに参加し独立する機会をうかがうことになる。

　当園では2頭の個体を飼育しているが、その内メスのローラは幼児期に人によって育てられたためか、人付けされており、おそらく自分をゴリラと認識していない。そのためオスが近づくと拒否反応を示して逃げ回り、繁殖行動をとることができない。隣の展示場にいるモンタに相手を求めているが国内に適当な個体がいない。

　ゴリラもまた日本国内ではごく少数しかいなくなっている。日本動物園水族館協会では最も適切なペアリングをすべく模索しているが、困難な状況は続いている。

　ゴリラの特徴はなんといってもその風貌にある。頭の頂点にある突起が類人猿の中でも異彩をはなっている。実はこの突起はゴリラの体型の秘密でもある。この突起が筋肉の支点となって、顎(あご)から肩にかけて強力な筋肉がつながっている。顎の強い力、肩のもり上りを形づくっている。胸の筋肉も厚く、ゴリラといえばドラミングといわれているほど手のひらで胸をたたく行動は知られている。ドラミングは、威嚇行動といわれていて、攻撃的な行動ではないが、これもゴリラへの誤解に一役かってしまったようだ。

動物科学館の展示
―教育や情報機能を兼備―

　動物科学館のコンセプトは熱帯雨林を中心とする動物展示と動物のことを学ぶ場を兼ねている。
　科学館では、動物の展示以外にもいくつかの機能がある。それは案内所、レクチャールーム、図書室、教育的展示、なんでも動物館そして機械設備の中心などである。
　館内に入って右手にある案内コーナーでは常時職員が詰めていて、お客さんの疑問に答えるとともに園内放送、電話交換などができるようになっている。
　レクチャールームは、これまでは講演などお話し会に限定されていたが、2016年に改造して通常の講演だけではなく、ステージを広げて演奏会、各種のワークショップなどができるようにした。2階に上がると奥に図書室があり、動物絵本をはじめとして動物と動物園関係の図書が開架閲覧できるようになっている。館内を歩くと随所に解説パネルや模型などが設置してあるがいささか古くなっており、動物に関わる多様な情報や楽しみができるように計画しているところだ。地下は配電

設備の基地となっており、動物園の機械環境を背後で支えている。

　教育的な機能としては、図書室、資料室、各種標本の展示および教育的展示である。図書室は通常の図書とすでに述べた動物絵本のコレクションがある。資料室と合わせて多くの図書・資料が収納されていて、職員などの研究の場としても活用されている。標本類は、サル類の骨格標本、ハシビロコウのはく製標本などが展示されているが、学校の生徒が利用できるようにライオンやサルの骨格などを収集して、コレクションの拡大に努めている。学校などの利用拡大が課題である。ほかにも入口ホールでアジアゾウの骨格標本、パネル展示などによって空間を演出している。

　生き物としての展示は、熱帯雨林の動物を基本にしているが、ホールから入って、導入部には壁面に熱帯雨林が表現されている回廊(かいろう)を通り、そこでバードホールの1階に抜ける。そこから、夜行性動物に導かれる。

科学館1F 夜行獣

デマレルーセットオオコウモリ

　最初に遭遇するのはデマレルーセットオオコウモリである。コウモリは3群に大別できるが、そのうち、チスイコウモリと小型のコウモリは動物園で飼育するのは難しい。チスイコウモリは名前のとおり他の哺乳類の血を吸うし、小型のコウモリは飛行する昆虫類をレーダーでとらえて食するから、餌を供給する面から問題が多い。

　オオコウモリは果実食であるので人工環境でも飼いやすいことから多くの動物園で飼育されている。なかでもデマレルーセットオオコウモリは、果実食でありなおかつレーダーを備えているという特質をもっていて、比較的繁殖も容易であるとされている。

　オオコウモリは別名フルーツコウモリと呼ばれている。コウモリは空を飛ぶので、消化器官の中に長いこと食物を入れておけない。そのため消化のよい食物をとらざるをえない。また、鳥のように器用に飛行できないので、地上に降りたりする時も不器用な降り方になっているのに注目してもらいたい。特に普通のオオコウモリはレーダーを持っていないので、すごく下手だが、ルーセットオオコウモリは彼らよりはレーダーのせいで、やや器用である。ちなみにアブラコウモリなど昆虫食のコウモリとルーセットオオコウモリのレーダーの周波数はまったく異なっている。

37

ショウガラゴ

暗闇の角を曲がるとショウガラゴの群れがいる。ガラゴはアフリカの原始的なサルの仲間で、原猿類と呼ばれ古いタイプのサル類である。長い間、キツネザルやロリス類との類縁関係が問題になっていたが、ガラゴ、ポトなどとともにロリス科として定着し、ロリス科からキツネザル類が分離したということで決着をみた。展示場にはいくつかの横木をわたしてあり、木と木との間を1mほどジャンプして的確に次の木に跳ぶことができる。その先にいる昆虫などを一瞬にして捕捉することができるのだ。眼球は丸々と大きく、耳も大きい。この目と耳で虫たちをとらえる運動能力の高い森の小さなギャングである。ここでは10数頭飼育され、夜行性動物グループの中ではいつも誰かしら跳んでいることから人気が高い。

キンカジューなど

キンカジューはメキシコ南部からブラジル北部にかけて広く分布するアライグマの仲間で、尾に特徴がある。多くのアライグマの尾が輪状の模様があるのに、キンカジューにはなく、長い尾を木の枝に巻きつけ、落下防止の役割を果たしている。枝を渡る時にバランスの役割をしているのだろう。樹上で生活することが多く、果実食が中心である。名前の由来を聞かれることが多いが、現地語であり、よく分からない。

ほかには、東南アジアに住む原猿類のスローロリスの仲間であるレッサースローロリス、その名のとおりガマグチ状の口をしたオーストラリアに棲息するガマグチヨタカ、危険が近づくと

キンカジュー

ムオビアルマジロ

ガマグチヨタカ

ボール状に丸くなって防御するので知られるアルマジロがいる。

　ガマグチヨタカは、タカという名称をもっているが、ワシタカ目つまりいわゆる猛禽類ではなく、ヨタカ目という独自の分類分野に属する。見た目でフクロウに似ているためフクロウと誤解されることもある。木の枝の様に直立したり、木の肌に似せて同化して擬態するのが得意で、近づいてくる昆虫類を大きな口でひと飲みする。とぼけた姿をしているが、擬態していないときは、人面的である。ムオビアルマジロは昆虫や果実、腐肉などなんでも食する雑食性の動物で、アルマジロのくせに丸くなるのが得意ではない。

オニオオハシ

科学館2F バードホール

　チンパンジーとゴリラの室内展示を右に見て、サルの進化史の展示を過ぎると再びホールに出るが、そこから2階に上がるとバードホールの2階部分である。バードホールの動物たちは樹冠の高いところにいることが多いので2階の方が見やすい。

　ここでの目玉は美しい鳥たちの飛翔とナマケモノの観察である。

　熱帯雨林の鳥たちは、美しい色彩を持った種が多い。一般に鳥の中で美しい色彩の種は性的二型、つまりオスとメスでは形態や色彩の異なる種であり、これは熱帯雨林に多い。性的二型は多くの場合オスの方が大きい、美しいといった特徴をもっていて、一夫多妻型で、オスが子育てにあまり参加しない。鳥の子育ては短期間に行われなければならないので、多量の餌を得るにはペアの両者が子育て参加する形式が多数派であるが、熱帯雨林の場合は比較的餌が豊富にあるためだろうといわれる。性的二型ではなくとも羽の表面は地味でも裏側に美しい羽は配置されている種も多く、飛ぶということによって美しさを表現している場合が多い。鳥を飛ばせるには大きなケージが必要であるから、大型のフライングケージは動物園にとって貴重な展示施設なのである。

　ここでの目玉はなんといってもフタユビナマケモノである。千葉のナマケモノの飼育の歴史には、ミユビとフタユビが現れる。ミユビナマケモノは、ボリビアの外務大臣が来日の折、友好の記念として贈られたものである。両種とも昭和61（1986）年の来園だが、ミユビは1989年に死亡している。フ

ナマケモノ

タユビナマケモノとミツユビは似ているがごくごく近縁なわけではない。同じような環境にいるとほとんど区別がつかなくなるのかも知れない。

ナマケモノはなんといっても動かないことでエネルギーの節約をはかりながら、少量の植物を食べて生きている。周囲の環境にほぼ完全に同化して、しかも樹林の枝葉の間に隠れて生活している。彼らはほとんど動かず、動かないことによってまた自己隠蔽（いんぺい）の能力を増している。捕食者は動かない動物を見つけるのが難しいから、こうした生活は我々が考えるよりずっと安全な生活スタイルだということができるし、それが現在までナマケモノを生かしてきたといってよい。彼らが地上に降りてくることは稀（まれ）で、ほぼ排泄の時だけだといわれている。しかしこうした生活も人類という視覚に優れた武器を使う有能なハンターが南アメリカ大陸に渡ってからはあまり役立たなくなっていった。

バードホールでは広い空間に飛翔する鳥たちを見ることができる。温室じたてになっているので、ここでみることのできるのは熱帯の鳥たちである。オレンジ色の大きな嘴を持つオニオオハシ（オニオオハシはモノレールから見える動物公園の看板に掲載されている動物でもある）。黄色い腹で尾の長いホウオウジャク（鳳凰雀）や顔の周りの美しいヒゲゴシキドリ、ツキノワテリムク、リビングストンエボシドリなどが放鳥されている。なかでも売り物は毎日午後２時40分ころに人工的なスコールを振らせていることである。とつぜん降ってきた雨に驚いて、動物たちはいっせいに動き出す。ナマケモノは移動をはじめ、鳥たちはふだん見えない羽の下の色とりどりに、美しい姿を見せてくれる。

科学館2F 小型サル類

ここには南アメリカに生息するマーモセット、タマリン類が展示されている。中南米のサルはアフリカ・ユーラシアに住むサルと共通の祖先をもっていて、ユーラシア大陸からベーリング海峡を経由してアメリカ大陸に渡って、独自の進化を遂げてきた。鼻孔（びこう）が横に向いているため広鼻猿類とか新世界サルとか呼ばれている。広鼻猿類はすべて樹上性のサルで、ユーラシアのように地上性のサルはいない。広鼻猿類はオマキザル類とマーモセット類などにわかれ、そのうちマーモセット類は小型のサルである。

マーモセット類は科学館の特徴をなしていて7種が展示されている。彼らは樹上生活、鉤爪（かぎづめ）、樹間をジャンプするなど共通の特徴をもっている。タマリンはどちらかというと動物食性が強く、マーモセットは植物食性が強いといわれて、マーモセットの方がやや顎（あご）の幅が大きいという違いがある。千葉市動物公園は、マーモセット・タマリン類のコレクションを誇っており、そのためもあって日本動物園水族館協会でのマーモセット・タマリン類の計画管理者の役割を果たしている。

マーモセット類

コモンマーモセットは、コモンという名前のとおり最もよく知られたマーモセットで、古くからペットとしても流通してきた。耳のところに白い毛が突出していて実際の耳を隠している。この耳を隠す毛が、かわいらしさを演出している。ガラス越しに覗き込むようにこちらの顔を見て、挨拶をする。こうした一連の所作がペットとして普及する結果を生んだのだろう。しかし乱獲されたせいで、現在では希少種となっている。

マーモセット類では、特に人に愛嬌（あいきょう）を振りまくので人気のあるクロミミマーモセット、オグロマーモセット、小型でかわいいピグミーマーモセットがいる。

タマリン類

2階の中央部の広い展示場にいる、美しい白い飾り羽のサルがワタボウシタマリン（パンシェ）である。喉（のど）の付近にも白い毛を持っており、顔全体の黒い色と対照的な美しさを表現している。エンペラータマリンは、大きな円を描く口ひげがあり名前のとおり王者の風格を備えた風貌をしている。よく見ると尾は褐色になっていて口ひげとのコントラストが面白い。最近では、アカテタマリンも新たに参入した。

3 レッサーパンダ ライオン キリン 回廊
かいろう

科学館を出て左に曲がるとさらに左手に子ども動物園の入口がある。これについては11ページで紹介してある。さらに進むとレッサーパンダ舎の展示場がある。パンダを過ぎて二股に分かれるが、右に行くと道沿いは小動物コーナーになっている。

レッサーパンダ

　パンダは生息地の中国では熊猫と呼ばれる。ではパンダという呼び名は、どこの名前なのか。パンダとはそもそもレッサーパンダのことだったのだが、その後ジャイアントパンダが見つかると、いつの間にかパンダの代表はジャイアントパンダになってしまい、古くからのパンダはレッサーパンダと呼ばれるようになってしまった。レッサーパンダは中国の四川省だけに生息しているわけではない。実は最初にヨーロッパに知られるようになったのはネパールで、パンダはネパール語である。

　レッサーパンダは通常単独で生活している。オスとメスは冬の時期に出会い、交尾して春から夏にかけて出産する。出産時期が一定していないのは、受精卵が支給に着床するのが止まる時間があるためで、これを着床遅延という。ジャイアントパンダの場合も同じである。実質的な妊娠期間は短く、そのため子どもはごく小さく約100g強である。

　レッサーパンダは日本の動物園ではごく普通に展示されていて、全国で250頭を越えているが、世界的にはごく珍しい種で、世界動物園水族館協会（WAZA）では、飼育種の管理を厳密に行うべき種としてGSMP（国際種管理計画）種を6種指定していて、その1つである。

　食性は、よく知られているように笹や竹が中心であるが、果実やドングリ、虫、卵など雑食である。

コツメカワウソ

　最初に現れるのはイタチ科のコツメカワウソの4頭。コツメとは小さな爪のことで、ほかのカワウソたちは鉤状の爪をもっているが、このカワウソの爪は極めて小さく、外見からはほとんど見えない。一般に動物の観察には望遠鏡が役に立つが、コツメを見るには特にいい。餌には生きたドジョウなどを与えて、1日に1度公開しているが、水中に放たれたドジョウを見事に捕まえる。

　分布はひろくマレー半島からインド、インドネシアの島々におよび、かなりの多産系である。大きな群れを形成するので、千葉でもたくさん増やして一時は10数頭までになったが、それほど広くない展示場で、小競り合いなどが起きたためにオスだけ4頭に絞って展示をしている。個体間の折り合いが単純ではなくて、陸上にいる時の関係を見ていると興味深い種である。

アカハナグマ

　カワウソの隣にいるアライグマ科のアカハナグマは中南米に住むアライグマの仲間で、レッサーパンダと同様、尻尾の縞模様が特徴である。今いる個体は、オスの尻尾が長く、メスは短い。そのおかげでオス・メスの区別が簡単にできる。名前を解説すると鼻をうまく使うアライグマで、全身が赤茶系の色彩なので、アカハナグマということになる。鼻が赤いクマではない。人懐っこく、お客さんの数が少ない時じっと見ているとアイコンタクトしてくることがある。行動性は高く、鼻を使って地中の虫や幼虫などを探索し、前肢で地表をほじくり、捕まえて食べている。そうでない時も展示場内を走り回って探索行動をしていることが多い。あまり展示場内で地表をほじるので、運動場の表面は穴だらけでボコボコである。地面の虫を食べてるため、上方から襲われることに警戒心が強い。壁面から急に顔を出すと驚いてとびはねて逃げる行動をする。

アメリカビーバー

　次のアメリカビーバーは齧歯目、ネズミの仲間である。安全性を確保するために、川をせき止めて池を作り、そこに巣を建築して、水中から出入りすることで知られている。川をせき止める材料は各種の樹木であるが、周辺の立木を鋭い牙でかみ切り、運べる大きさにして川に引きこむ。木を切る姿を見ていると猛烈な働きぶりである。私はよく働くビーバーさんと呼んでいる。その結果、周辺環境が一変してしまうので、自然環境を改変させる数少ない動物でもある。リスタート構想では、園内に川を設置して巣作りさせる計画で、その準備をしているが、川の流れ、せせらぎの音、樹木の本数などがキイになると思われる。夕方から動くことが多いので、昼間に行動するように訓練するのも必要になる。

ライオン

　猛獣のいない動物園として知られていた千葉市動物公園であるが、リスタート構想に基づき、平成28（2016）年にライオン展示施設を新設して、2頭のライオンを導入、新たな目玉的人気施設となった。またネーミングライツを募集して、「京葉学院ライオン校」と銘打つことになった。人づきあいのよいアレンと群れで育ったトウヤという性格の異なった2頭のオスライオンを展示している。

　アレンは群馬サファリから来た個体で、小さい時から来園者とふれあいながら育ってきた。そのため人の動きに反応して様々な行動をする。ガラス面に向かって飛びあがり、かきむしる。小さな子どもにガラス越しにじゃれるなど見ていてあきることがない。

　対してトウヤは多摩動物公園でライオンの群れの中で成長してきた。ライオン同士の争いの中で、闘いながら生活して来た。顔面の向こう傷はその証

明である。広い運動場で人と関係ないかのようにゆったりとすごしている。だが食いものに対する反応は、苦労して育ってきたせいか人一倍早い。

この２頭はおそらく一緒にすることはできない。闘いになることは間違いないし、勝負も明らかである。ライオンは群れで生活していて、その群れには数頭のオスがいる。しかしこのオスたちは、もともと同じ群れから分かれてきた兄弟など血縁があり、しかも長い間一緒にいて、慣れている。それでも争いが起きることもあるから見ず知らずの２頭であれば必ず闘争になる。

日本の動物園のライオンは過剰気味である。ライオンは繁殖力旺盛な種である。その上、群れのオスはメスよりもずっと少ない。しかし生まれるのはオスもメスもほぼ同数であるから、勢いオスが過剰になり、子どもが生まれても引き取り手は少ない。当園でオスしか飼育しないのはそのためである。

ミーアキャット

　マングース科に属していて、アフリカ南部の沙漠地帯に生息する。別名はスリカータとも呼ばれている。マングースの仲間は40種ほどいるが、たとえばシロアシマングースとかクビワマングースとかいうように"○○"マングースと呼ばれている。しかしミーアキャットだけがマングースの名前をつけられておらず、独自の命名がされている。このことによってもミーアキャットの特異性と人気がわかろうというものである。おそらくペットにされることがあるからだろう。やはりマングース科の中では群れを作る少数派の種で、群れを作る種は昼行性であると覚えるといい。夜行性のマングースは単独生活している。群れの中では、優位のオスと優位のメスがペアを作り、その個体だけが繁殖することができる。ほかの個体は、ヘルパーといって優位なオス・メスの子育てを手伝う。穴の中を拠点にしていて、そこから沙漠に出て昆虫類を捕食する。行動としては立ち上がる行動が有名で、人気の元であるが、こうすることによって天敵を早期に発見して、鳴きかわして仲

間に知らせ、穴内に避難することができる。多産で、群れは急速に規模が大きくなり、飼育するとメス同士の争いが起きることがあり、それほど大規模な群れを保つのが難しい。

当園では、群れを作るという習性に注目して運動場を大型にして10数頭のミーアキャットを群れ展示するための工事を行っている。争いが起きることをさけるためにオス中心の群れとして安定をはかるつもりだ。

アジアゾウ

昭和62（1987）年8月、開園して間もないときに、当時市議会議員であった宍倉清蔵氏の骨折りで、スリランカ政府から、有名なゾウの孤児院で飼育されていたスリランカゾウが来園している。その後ミャンマーからメスのアイが来園して、ペアが形成された。

ゾウは地上では最大の哺乳類である。その秘密は長い鼻にあるといって

よい。この鼻がなければ地上のモノをとることもできないし、水を飲むこともできない。従ってこの鼻が長いというゾウの形の特徴は、ほかの動物がまねをしてもおかしくない。実際、過去においてはマンモスをはじめとしてゾウの仲間は繁栄していた。なにしろ鼻のおかげで、体は大きくなれて、ほかの動物に襲われる心配はないし、食べ

ものである植物さえあれば怖いものはないはずだ。とはいえ地球が寒冷化して植物が少なくなると、大食漢の生き物には生きにくい。おまけに競争相手としての人間が多くなってくると森林は少なくなり、食料にも不足をきたすことになった。現在ではアジアゾウ、アフリカにいるヘイゲンゾウとマルミミゾウの3種を残すのみとなっている。

　さて、ゾウは動物園で象徴的な存在である。特に日本では戦争中にゾウを殺処分したこともあって、戦後インドやタイからいち早く贈呈され、戦後復興と絡めて象徴となった経緯もある。ゾウは群れで生活しているため、最近では、動物園でも広い場所、群れ飼育が求められるようになってきて、広さを十分にとれない日本の動物園にとっては、課題が残されている。また野生でも生息場所が不足してきて、農業被害や人的被害をもたらし、保護されるゾウが後を絶たず、各地で矛盾をひきおこしている。

アミメキリン

　アジアゾウを過ぎるとキリンの放飼場である。キリンを一段低いところにおき、背後を草いっぱいの斜面として、さらにその奥は樹林の頂点だけが見える配置にして、景観を重視した展示になっている（7ページ）。ここでは雌雄2頭のキリンを見ることができる。オスは平成26年（2014）に長野市の茶臼山動物園から来園した若いオスの個体である。背丈も来園当初は小さく、メスに相手にされなかったが最近ではほぼ同じ高さになって繁殖の可能性が出てきた。

　キリンは変わった動物である。こんなに変な動物はいないと言ってもいい。哺乳類としては限界ギリギリまで進化した動物なのだ。長い首は高い木の枝の葉を食べるために進化したとはいえ、地上に流れる水を飲むにも不便だし、血液を頭に送るのにも強力なポンプ＝心臓が必要である。極端な高血圧体質になる。足も筋肉で作れば重くて走れなくなるから、腱を使って細くなっているが、腱はいかにも不器用だ。↗

シロオリックス

　キリンと柵をへだてた隣の草原にいるのがシロオリックスである。シロオリックスは沙漠や半沙漠、サバンナなどの乾燥した地域を生息地として住むウシ科の種であるが、20世紀後半には野生では絶滅が確認された。湾曲した角を持つ美しい種であるため乱獲などによって絶滅したと考えられている。動物園で育てられていた個体群が北アフリカ・チュニジアに再導入されて、順調に繁殖していると報告されている。野生への再導入が成功した数少ない事例である。長い角は闘争そのものに使われるというよりも、個体同士が誇示しあって、テリトリーを主張するのに役立っていると思われる。

↘そのための骨折も起きる。
　キリンの秘密は実は敵から逃げるためだと私は理解している。まず高い位置から敵を見つけ、距離をとる。広角で大きな目、よく動く耳で察知することができる。写真はキリンの顔だが、目は大きく飛び出していて、まつげは長く、飛び出している眼球を守っている。ひ弱そうにも見えるキリンだが、後肢(こうし)でけり上げるのを武器としている。オス同士の闘いでは、首を使って闘う。その首を支えているのが背中の竜骨突起だ。背中にあるコブ状の骨の突起を支点にした筋肉の束が長くて重い首を支えている。

アフリカハゲコウ

　シロオリックスの隣には大型の鳥アフリカハゲコウがいる。アフリカ全域に生息する一般的な鳥で、都市内でも電柱などに巣を作る。名前のとおりコウノトリの仲間であるが、何でも食べる悪食の鳥である。筆者はアフリカのナクル湖で大きな口からフラミンゴを飲みこんでいるのを目撃してびっくりしたことがある。オスは間欠的に赤い肉だれを出すことがある。どうしてこんな肉だれが出るのか、調べたが分からなかった。

　乾燥地に適応して、体内で水分の再利用などを行い、ほとんど水を摂取することなく生活できるようになっている。実際、炎天下でも物陰に隠れるわけでもなく、平然と過ごしている。

シタツンガ

ハゴロモヅル

草原の動物たち

　動物公園の最高の景観は大草原である。平地に盛り土してなだらかな丘陵を作り、緑の草原を形成した。展望デッキから臨む風景は前方に美しいグレービーシマウマ、左手の湿地にシタツンガ、小高い丘陵地にホオジロカンムリヅル、ハゴロモヅル、ダチョウなどを配し、丘陵越にキリンとゾウを見るもので、美しい景観をなしている。見え隠れする動物の数は少ないが、それがなお一層自然的な風情を表現することを可能にしている。

グレービーシマウマ

　シマウマはノウマなどと同じくウマ属の動物であるが、そのうちシマ（縞）模様を持つものの総称である。ヤマシマウマ、サバンナスマウマとグレービーシマウマの3種いて、グレービーシマウマはサバンナシマウマとは近縁である。この中でグレービーシマウマは、細いシマ模様でもっとも美しく稀少な種である。シマウマはウマやロバよりもずっと気性が荒く、これまで多くの人類が家畜化を試みたと思われるが断念させられている。特にオスはテリトリーを守る傾向が強く、他のオス個体にするどく反応して、排除しようとする。

　シマウマのシマが何の役に立っているのかについては長い間、議論の的になっている。一般的には模様がチラチラして判別しにくいことや群れた時に個体が分かりにくく、従って襲われにくいのではないかと理解されている。さいきん面白い報告があって、吸血性のハエからシマウマの血が発見されないとのことである。このハエは均一な面にとりついて吸血するのを好むことが分かり、これらのハエから守る効果があるとのことである。

オオカンガルー

アフリカハゲコウを過ぎると、オオカンガルーの運動場が左手にある。この運動場、平成27（2015）年までは、観覧通路から一段低いところにあったが、ライオン展示場の新設の際に出た土砂を使って埋め立て、一部を観覧通路のレベルと同じレベルまでかさ上げして、すぐそばでカンガルーを見られるようにした。

オオカンガルーはカンガルーの中では最大種に近いが、近縁のアカカンガルーの方が実は少し大きめであり、2番目に大きなカンガルーということになる。よく知られているように、カンガルーの赤ちゃんはへその緒がない状態で、1グラムくらいの未熟児で産み落とされ、母親の袋に這い上がって、フクロ内にある乳首に自力で吸いついて成長する。母親は子どもを産み落とすと、袋まで舐めて道筋をつくるのみである。この間の行動はほとんど観察されたことがなく、かつては動物界の不思議の1つであった。従って、正確にいつ生まれたかの判断が難しい。そこで動物園の世界では、フクロから顔を出した日を誕生日と認定している。

カンガルーといえばジャンプ力である。両足を狭めてそろえて、薬指の大きな爪を使って地面を蹴って跳ぶ。それに合わせて尻尾は上下動させる。大きくなるとジャンプするスピードが遅くなるのも面白い。前肢は器用で食べ

物を使い、体の手入れをしたり、仲間とボクシングをしたり、多様な使い方をするので、見ていて飽きない。

カンガルーの仲間は繁殖力が旺盛である。その秘密の1つにはカンガルーの特殊な繁殖形式がある。子どもが袋から出る頃には、実は胎内に受精卵がある。袋から子どもが出ると胎盤に受精卵が着床して、次の子どもが産み落

とされ、さらにこの時期に交尾が行われると、同時に袋の外、袋の中、未着床の個体の3頭の子育てが行われていることになる。

　加えて言えば、オスの交尾意欲も強い。このような繁殖力の強さであるため、当園では当面オスとメスとを分離して飼育しているのである。

　展示場を改造した折に、カンガルーの背後にエミューを配置して展示した。エミューは、オーストラリアの走禽類（そうきん）で、ダチョウにつぐ大きさの鳥である。カンガルーとの同居を試みたが、闘争して、エミューを蹴り飛ばした。カンガルーは強い蹴爪の持ち主なのだ。

フラミンゴ類

　オオカンガルーの右手にはフラミンゴ舎がある。ここではベニイロフラミンゴ、チリフラミンゴ、コフラミンゴの3種のフラミンゴを混合展示している。いうまでもなくフラミンゴの特徴は長い首と肢、口を逆さにして水中のプランクトンを濾しとって食べること、休む時は一本足で立って休む所にある。極めて臆病な性格で、集団で生活する。こうした性格を利用して、フラミンゴダンスを開発したのがかつての行川アイランドで、ここのフラミンゴショウでフラミンゴの名前は日本中に知れ渡った。土を固めて鉢状の塚を作り、そこに産卵して抱卵する。警戒心が強く、臆病なことがわざわいして、なかなか抱卵に集中しないで放棄する事例が少なくない。姿形を見ても分かるとおり、敵に対して立ち向かうようには思えない。大集団という塊を利用して生きのびている。とはいえ、一度安全な繁遊地を見つけることさえできれば、爆発的に繁殖する可能性を秘めている。適地を見つけることが生きのびる分かれ目なのである。飼育下では、周囲にできるだけ障壁をめぐらして、隠し、安心感を高め、集団を大きくするのが繁殖成功の秘訣である。地域や大きさによって5種類あり、南北に長距離の渡りをする。水中のプランクトンは、塩湖や汽水域などの栄養塩の豊富なところで大量発生するから、フラミンゴの探食地は限られている。

マレーバク

　カンガルーを過ぎるとキィーキィーと鋭く鳴きかう声がする。白と黒のツートンカラーのマレーバクである。インドシナ半島南部とスマトラ島の熱帯雨林に住む、アジア唯一のバクであり、熱帯雨林の生き物の例にもれず、絶滅の危機にある。完全な草食性で、長く伸びた口先と鼻を使って草を引き寄せることができる。通常はおとなしく、背中をブラシでこするとうっとりとすることから、採血や治療が容易なことで飼育係には知られる。しかし、ひとたび怒ると牙をむき出して突進してくることもある。また長い鼻は水中からシュノーケルのように伸ばして呼吸するのにも役立てる。水際を好み、水底を歩き、泳ぐことも得意である。子どもが瓜坊(うりぼう)で生まれることは有名で、子どもが生まれると人気の的になる。民俗学的には悪夢を食べる伝説上の動物・貘(ばく)になぞらえられて悪夢を食べてくれることで信仰の対象ともなっている。そのため、動物園での命名に当たって、夢の名がつけられることが多い。曰く、夢子、夢太など夢があふれている。

4 鳥類と水辺の動物

カラフトフクロウ

　マレーバクを左に見てヘアピンカーブを回ると6種類の猛禽類が並んでいる。左にハシビロコウを見ながら進むと、まず2羽のカラフトフクロウ。カラフトフクロウは、広くユーラシア大陸の亜寒帯に生息する70cmほどの大型のフクロウで、旧日本領でもあったカラフト＝サハリンにも生息していることからこの名がある。目の周りが白く半月円状を描き、くまどりがはっきりしていて、高貴な雰囲気を醸し出している。フクロウは夜行性で、視覚を使うとともに、聴覚を利用して捕食する。ネズミなどの出す小さな音を、パラボラ状の顔面で集音し、さらに両耳の位置が左右でずれていること、耳道の太さが異なることなどから、その三次元で音源を特定することができる。これを音源定位という。羽にも消音するシステムが備えられていて、空中からの接近を気づかせないようになっている。しかもフクロウは空中でゆっくり飛ぶことができる。ゆっくり飛ぶことは翼がゆっくりはばたくことであり消音効果は高まる。これを長い翼で実現させているのだ。動物には様々な物理的な秘密が隠れているがその1つでもある。

ヘビクイワシ

　その隣のヘビクイワシは、極めて特徴的な外見をしている。脚が長く、冠羽が後ろに長く、興奮すると直立する。尾羽も長い。樹上に屹立すると気を付けの姿勢になり頭の飾り羽がペンのように見えることから英語ではsecretary bird（書記官鳥もしくは秘書官鳥）と呼ばれる。私はアフリカの草原にポツンと立つ木の頂近くに立ってあたりを見渡すこの鳥を見たことがあるが、神々しさすら感じた。

　ヘビクイワシの名は、ヘビをとらえて長い脚で地面にたたきつけるようにして捕食することからきている。地上での移動も早く、地上での捕食にも適している。

　繁殖期になるとオスがメスを追いかけて放飼場を走りまわる。飼育係が枝を用意するとその枝を積み重ねて巣を作り、その上で卵を抱いている。

イヌワシ／オジロワシ

　この両種は、大型のワシでいずれもユーラシアの温帯から亜寒帯に生息しているが、オジロワシは北海道を中心に飛来し、イヌワシは主に山岳地帯に生息する。日本の動物園では、オオワシを加えた3種類のワシを重点的に繁殖する計画が進められている。

　イヌワシのイヌは天狗の狗で、上方から地上のウサギ、ネズミなどを襲って捕えることからきているようだ。首の回りが明るい茶色で、大型であり、これは日本にいるイヌワシとは少し違っていて大陸型の証拠である。日本のイヌワシはこれに比べるとやや地味で小ぶりである。近年では繁殖個体が減少してきていると報告されている。食料となる餌はネズミやウサギなど地上性の小動物とされているが、ヘビが増加しているという調査結果もある。いずれにしろ減少傾向にあるのが心配だ。

　オジロワシは冬に北海道に渡ってくる大型のワシで、その名のとおり尾羽が白いのが特徴である。美しい鳥で、木の梢に止まっている姿はカッコイイのひと言である。晴れた日や爽やかな風の吹く日に、翼を広げることがあるが、その見事さ、大きさに驚かされる。シカの死肉や小動物なども食べるが、多くは鮭などの岸辺にうちあげられた魚肉をとって生きている。湖、沼、河川、海岸など水辺の環境から離れられない。

エジプトハゲワシ

　道具を使う動物といえばあまり多くない。チンパンジー、ミゾゴイ、カラスなど新たに発見されれば話題になる。ダチョウなどの硬い卵の殻を壊すには、高いところから落とす方法があるが、エジプトハゲワシは石をくわえて、それを卵にぶつけて壊す行動で知られている。動物公園でも何度かダチョウの卵を割るパフォーマンスを行ったが、おせじにもうまく割ったとはいえない。嘴（くちばし）に石をはさみ、卵にたたきつけるが、何度も失敗していた。

　ところで頭部に羽毛がない、もしくは少ない猛禽（もうきん）にはハゲワシとハゲタカが知られている。一般にアフリカに住んでいるのがハゲワシ、中南米に住むのがハゲタカと区別される。頭部の羽毛が無いのは、彼らが死肉食で、死体の内臓に首を突っ込んで、内臓などを食べるため、頭部に羽毛があると血などで羽毛が汚れるからとされている。しかしこのエジプトハゲワシ、その名とは裏腹に頭部には羽毛がある。ハダカの部分がほとんどない。つまりエジプトハゲワシはほとんど死肉食をしないことを意味する。残念ながら卵を食べること以外にどんな特技を持っているのか私は知らない。

ハシビロコウ

動かないことで有名になったハシビロコウ、2度にわたる園内動物総選挙では、両回とも圧倒的な強みで第1位を獲得した（もっとも、レッサーパンダやライオンは立候補していないが）。
　いずれにしろ、動物公園での人気者なのである。動物総選挙前には、名前がついていなかったが、来園者に投票してもらって、その中から、特徴をよく表している「じっと」が選ばれ、「じっと」が大和言葉（やまと）であるので、それに合わせてメスの方には「しずか」がいいだろうということになった。
　ハシビロコウがあまり動かないのは、彼らが一種の擬態（ぎたい）をしているからである。動物の感覚器官、特に目は分類群によって発達程度が異なる。あまり目のよく効かない種類も多い。ハシビロコウの狙い目は、水辺の下を通る大型の魚類である。水辺に立って不動の姿勢をとりあたかも樹木が立っているかのように見せる。地上から見れば明らかに鳥なのだが、水中から見るといささか異なるのだろう。魚は岸辺に立つ動物に対する警戒心が強いが、まったく動かないと樹木に見えるのだろう。動物公園では中型の鯉などを餌にしている。ハシビロコウの脇の水おけに鯉を入れておくと、やおら食いついて一口で飲みこんでしまう。嘴（くちばし）が大きいのは無駄に大きいわけではない。春になると、オス・メスともに「カッカ、カッカ」と嘴を叩くクラッタリングという行動をしたり、お辞儀のように頭を下げる挨拶行動などをするので仲良しになったのかと思って同居させると、オスはメスに襲いかかり、大怪我をさせてしまう。野生ではおそらくメスが逃げ回りながら交尾に至るのだろうが、動物園の狭い環境では逃げ回ることができないので、危なくて見ていられない。そのため日本の動物園では繁殖に成功した例はない。世界的にもほとんどない。千葉では3度、産卵しているが、交尾していないので、いずれも無精卵であった。オス・メスの区別は、嘴の先にある突起の長さがオスの方が長いこと、体の太さが大きいことなどであるが、比べて見てみないと分からないことが多い。ハシビロコウを飼育するきっかけになったのは、動物公園に多大な貢献をしてくれた宍倉清蔵氏がウガンダを訪問した折に大統領からもらい受けることになった、それが始まりである。
　メスのシズカは普段はあまり動かないが、特定の気に入らない職員がいると冠羽をさかだてて、網に突進して網をかみつくことがある。何人かの職員が驚かされたことがあるが、担当の飼育係にこれをやったことはない。彼らに共通した特徴は見当たらないので何がいらいらさせているのか分からない。こうした行動をとる動物はほかにもいくつかいる。

ヒロハシサギ

ハシビロコウの向かいにはサギ、トキなどが展示されている。このうち希少種はヒロハシサギである。名前のとおり、ハシ（嘴）の幅の広いサギである。中央アメリカの森に住み、夜行性が高く、樹上から下を流れる河川の魚、エビなどを捕えて生活している。昼間はほとんど動くことなく、静かなることはあのハシビロコウよりも上だといえる。しかし時に怒ると冠羽を逆立てて、大きな口を開けて威嚇するのでびっくりすることがある。当園では人工育雛したことがあり、日本動物園水族館協会の繁殖賞を受賞している。

頭から肩にかけて鮮やかな緋色をしているキジの一種であり、特徴的な赤色からヒオドシジュケイと呼ばれている。展示には横木を渡してあるが、その上に止まっている。腰には白い斑点が散らばっていて美しいが、これはオスの特徴でメスは地味な色調である。繁殖期になるとオスは頭に肉だれができて、喉にも袋状のふくらみができて求愛行動をする。ここは一連のキジ類のケージが並んでいるが、他には美しい尾羽を持ち、白と黒とがうろこ状の羽をもつギンケイ、コサンケイ、コジュケイなどが展示されている。

ヒオドシジュケイ

エミュー

　エミューはオーストラリアの乾燥帯に生息する走禽類である。ダチョウやヒクイドリなどと近縁で古くから飛ぶことをやめてしまった。それぞれ住んでいるところがまったく異なるので、類縁関係が問題になっていたが、DNAによる遺伝子解析が進むにつれ、近縁であることが分かってきた。羽はボサボサでおよそ飛ぶのに適していない。鳥であれば翼を支えるための竜骨突起もなくなっている。

　エミューで面白いのは耳の穴である。鳥の耳を見たことがあるだろうか。多くの鳥は羽毛に隠れて見ることができないが、エミューの場合はぽっかりと開いた耳の穴がよく見える。エミューの耳穴を見て、ダチョウの耳穴を探してみませんか。

　ところでこのエミューの展示場、どう見てもエミュー向きではない。エミューは沙漠に生息するのに、なかに池があったり、たたずまいは日本庭園である。実はここには数年前までカモが飼育されていた。だから古くからいる人はここを旧水禽舎と呼んで、アシカの先のカモ展示場を新水禽舎と呼んでいる。リスタート構想ではこの旧水禽舎を改造して、ビーバーダムを作る計画がある。その時にはエミューはカンガルーの隣に移ることになっている。

> 恐れ入りますが、切手をお張り下さい。

〒113-0033

東京都文京区本郷
2-3-10
お茶の水ビル内
（株）社会評論社　行

おなまえ　　　　　　　　　　　　　　　　　　　様

（　　才）

ご住所

メールアドレス

購入をご希望の本がございましたらお知らせ下さい。
（送料小社負担。請求書同封）

書名

メールでも承ります。　book@shahyo.com

今回お読みになった感想、ご意見お寄せ下さい。

書名

メールでも承ります。　book@shahyo.com

カリフォルニアアシカとペンギンプールは、上下二層になっていて、上からは上陸している姿、地下の観覧通路からは泳ぐ姿が見られるようになっている。プールの大きさはアシカで約140㎡、ペンギンでは約100㎡である。

カリフォルニアアシカは名前のとおり、アメリカ西海岸沿岸に生息しており、繁殖期や子育ては海岸に上陸して、ルッカリーと呼ばれる集団を作る。オスは1頭でハーレムを作って、上陸するすべてのメスと交尾することができる。対抗するほかのオスは、支配的なオスに攻撃を仕掛けるが、それを撃退しつつ繁殖活動をすることになる。その間は絶食状態となって、厳しい生活を余儀なくされる。そのため、ハーレムを支配する個体は、それを永く保つことが困難だとされている。オスは成長すると大型となり、大声で吠える、体をゆするなど威嚇的になる。メスの子育ては陸上で行われるため、その間は子どもを守ることに専念しているが、母乳は濃厚である。食べ物はほぼ完全な魚食で、動物公園では1日1頭当り6〜7kg程度を与えている。前肢(ぜんし)を使って器用に泳ぐが、ペンギンやアザラシほどには水中生活に適応しているとはいえない。

カリフォルニアアシカ

ケープペンギン

　ケープペンギンはアフリカ大陸の南端、ケープ岬付近を拠点にして周辺海域を生息地とするペンギンである。フンボルトペンギンと同様に中緯度の種であり、類縁関係にある。日本の気候に比較的近い環境に生息していることもあって、日本では多くの動物園で飼育されている。ペンギンは、捕食を海中で行うために海中を飛ぶといわれるほど泳ぎに熟達している。よちよち歩きの上に、体型も丸く動物園での人気者である。しかし魚を補食する姿を見れば、一種の猛禽であることが分かる。さしずめ海のチーターである。動きもすばやいので海中生活は大型の捕食者に襲われることが少ない。しかしあくまでも鳥であるから、海中で産卵、育雛をすることはできず、必ず陸上に上がらなければならない。陸に上がる時にはシャチやアザラシ、陸上では様々な捕食者に狙われる。強いところと弱いところがはっきりしている動物なのである。動物園での生活は捕食者に襲われることが恐れがないことから、陸上で人から餌をもらうと陸上生活に慣れることがある。千葉では陸上で給餌していたためか水中に入ることをほとんどしなくなってしまった。

水禽池
※すいきん

　アシカプールをさらに進むと水禽池がある。すでにみたエミューのいるところに水鳥たちが飼育されていたが（72ページ）、大池や周辺の藪からタヌキが出没して、水鳥たちを襲うことがあったが、周辺の樹木との関係でネットを張ってガードすることができなかったために、こちらに移住することになった。周辺の樹木とは、園内にある「御神木」と称される樹木であって、地域のひとからそう呼ばれていて、切ると祟りがあるとされているのだ。造園業者も切るのを拒否しているために手をつけることができないという曰くつきの樹木である。動物も神様には勝てない。ここでは10種類のガン・カモ類とタンチョウが飼育されている。日本で絶滅寸前にあるシジュウカラガン、貴重なアカハシハジロなどが目玉である。

　また、タンチョウが1羽だけ展示されているが、繁殖しても移動先がないこと、繁殖時期になる攻撃的になってほかの鳥たちが圧迫されるなどの理由でペアを分離して、もう1羽は裏側で飼育している。タンチョウは希少種であるが、繁殖技術が安定していること、意外に他個体に対して攻撃的であり多数で飼育するのが困難であること、日本全体の動物園では過剰気味であることなどによって、新たな繁殖を差し控えている。雑居生活であるため、種間の争いが絶えないが、それが種間の独特な関係を作っていて、興味ある行動を引き出している。

5 ふれあい動物の里

ヤギ

アルパカ

旧遊園地の跡地には、子ども動物園やビジターセンターを移設し、また馬場を設置して乗馬施設を目玉に、子ども中心の施設とすることで計画が進められていた。

　しかし、馬場と馬房などの乗馬施設、築山、砂場などの基礎的な整備で開園を迎えなければならなくなったため、急きょ事業者を募集して自主事業で運営してもらうこととした。敷地内で乗馬を実施することを前提として、営業行為によって運営してもらおうというものである。事業者を募集すると4社に応募があり、その中から最も積極的な提案があった事業者が選ばれることになった。

　事業を実施することとなった（株）ファームの提案は、乗馬やポニー乗馬を中心とするものの、多岐にわたるものであった。導入する動物は、ウマをはじめとして、アルパカ、ウサギ、ヒツジ、モルモット、カメなどで後にヤギやドクターフィッシュなども加わった。内容としては、動物とのふれあい、餌やり体験を中心としている。無料のものもあるが、有料が中心である。

　西門から入って右手に行くと動物たちが迎えてくれる。まずは高いところからヤギ。4m程度くらいの陸橋を設置して、そこをヤギが渡れるようにした。ヤギはどこでも見られる動物であるが、橋の上で見られるのは少ない。

　橋のふもとにはウサギの散歩広場がある。題して「ウサンぽ」。またウサギハウスではウサギに触れ合うことができるし、ウサギも自由に歩き回れる。休憩所ではモルモットの行進を見て、解説をきくことができる。牧場でアルパカの柔らかな毛にふれると、ここのメインである乗馬体験である。パドックで乗馬すれば、ウマの意外に高い体温、歩く時の上下左右の揺れなどを体感できる。動物たちへの餌やりは、全般で行えるが、子どもたちが怖がらずに餌を与える工夫がなされていて好評である。

　これらを営業的に支える事業として、バーベキューや屋外レストランがあり、また大人から子どもまで楽しめる遊具類が準備されている。1人乗りのバランス型乗り物インモーション、砂の中から宝石を探すザクザク採掘場、ボルダリングや大砂場、キッズパークなどを緑と花畑に囲まれた空間に準備されている。

　ふれあい動物の里は、空間的にも内容的にも野生動物の展示されている台地の上と区別されているが、相互の交流を高めるために園内移動カートの導入を予定している。

6 大池

　正門を入ると右手奥にめだたない道が延びている。進んで行くと下り坂になっていて大きな水面を望むことができる。水面は約7,000㎡あって、これが大池といって、実は人工池である。地形的には谷地田（やちだ）で、根元から水がしみ出てきて水流を作っていたが、それをせき止めて作った。

　大池は入園者の観覧メインルートからはずれているために訪れる人は少ない。しかし四季折々の景観に恵まれていて動物公園の穴場の1つとなっている。春には桜が咲きみだれ、夏近くになるとアジサイがつぼみを開く。園内は約1,100本の桜が植えてあり、知られざる桜の名所でもある。サトザクラ、エドヒガン、カンヒザクラ、オオシマザクラからギョイコウ、フゲンゾウといった珍品種まで品種も豊富である。アジサイは平成28（2016）年度から約1,000本を台地の周りに植えて、既存のアジサイに加え新たな名所になる

ことを期待している。

　秋も深く11月末になるとヤマモミジが見事に色づく。動物公園は特に大池周辺は紅葉の名所でもある。冬が近づくとオシドリが増えはじめ、次第にコガモやマガモなどのカモ類が水面に浮かぶ。冬はバードウォッチングのシーズンで、シメ、カワラヒワ、シロハラなどが現れる。大池に住みついているカイツブリ、シジュウカラ、カルガモ、飛来するカワセミなどに加えて冬はにぎやかなものである。

　大池の水は茶色なので、水質が汚濁しているのではないかとの指摘をうけることがある。調べてみると水にはリグニンが多く含まれていることが分かった。リグニンは木の葉などに含まれる物質で、池の周囲に繁る樹木の葉が分解されて水に溶けこんで茶色に見えるだけだ。池内の生物相は貧困であるが、これは鯉がたくさんいるためと思われる。悪食の鯉は小魚や小動物を食い荒らして、そのため多様性が失われていて、池外に出す必要がある。

リスタート構想

1　リスタートのはじまり

　開園30周年を控えた平成26年（2014）、千葉市は動物公園のリスタート構想を明らかにした。この構想は、老朽化した施設や展示手法の刷新を課題として、基本理念として市民に身近な存在としての再生を図るとともに、おもしろい、楽しい、学べる、を3つのキーワードに、基本方針として6つ課題を示している。すなわち、

　　① 他園にない独自性
　　② 非日常感に包まれた空間
　　③ 動物と一緒に楽しく遊び学ぶ
　　④ 自然・生命の大切さを伝える
　　⑤ 新しい発見と驚きと感動との出会い
　　⑥ 来園者と動物の輪を作る

以上の6つである。具体的には以下を挙げている。

　　① 肉食獣の導入
　　② ウェルカム動物の配置
　　③ モノレールからの存在感アップ
　　④ お客様目線でのおもてなし
　　⑤ 動物ワールドの創出
　　⑥ 「種の保存」に世界レベルで貢献

　リスタート構想の発表とほぼ同時に私は園長に着任したのだが、構想に盛られた内容をどのように実現するかが第1の難問であった。動物公園の職員は、新しい施設の建設など何かを作り上げていくことに馴れていない。しかも実現しなければならない課題は多様である。そこで、私自身が中心になって8つばかりのプロジェクトを立ち上げ、それに職員が参加する形で進めようとした。しかし実際にプロジェクトを立ち上げてみると、こちらの懸念をよそに各職員が課題を想像以上にこなして、プロジェクトは進んでいった。

　第1の課題は、なんといっても動物舎の建設である。地上最大の食肉目

であるライオンが最初からターゲットであったので、ライオン展示場の基本設計と実施設計である。平成26年度は基本的な構想と予算要求資料の作成、さらに急ぎではあるが基本設計と実施設計を仕上げ、平成27年度に建設工事を行って、平成28（2016）年の4月28日にオープンにこぎつけたのはすでにご承知のとおりである。構想のレベルで、ガラスで囲った展示場と堀で仕切ったオープンの広めの展示場の2つを考え、ガラスの展示場ではライオンの姿をまぢかで見て、堀で仕切られた展示場では少し離れてはいるがライオンの姿を障害物なしに眺める、接近・凝視と展望の2つの要素を表現することとした。

　ライオンはそれほど動き回る動物種ではないので、接近させても近くで見る迫力を表現できるのにとどまるのではないかという不安もあったが、実際にはアレンという群馬サファリに譲っていただいた個体は、動きの激しい個体で、ガラスに向かって様々なパフォーマンスをするなど期待以上の効果をうみだすことができた。堀で仕切った展示場は、細長い敷地でライオンをできるだけ近くで見られるようにまた高い位置におく計画であったが、予算の都合上から築山を作ることはできなかった。築山の上でゆったりとする姿は残念ながらこれからの宿題である。

　着任直前に、平成3（1991）年に設置し、老朽化していた遊園地（ドリームランド）の廃止が決まった。旧遊園地（ドリームランド）は、観覧車を中心に12種の遊具が設置され、利用されてはいたが、観覧車は安全基準を満たす補修ができないままに休止状態であり、他にもいくつかの遊具が動きを止めたままになっていた。遊具施設は遊具の発達が早く、速やかに更新しなければ陳腐化するのが常であるが、新しい遊具への更新がままならないこと、民間の遊園地などの発達などにより役割が終わったと判断され、廃止することとなったのである。こうして急きょ、ライオン展示場の設計・工事と並行して遊園地跡地の構想を練り上げることになった。これが第2の課題となったのである。通常、敷地全体の改造計画を作成する場合、園内のどこかにタネ地を設定してそこに新しい施設を作り、その空き地に次の施設を建設するといった具合に展開させていくのであるが、リスタート構想の場合、旧家畜の原種ゾーンを廃止してそこに猛獣を中心にしたアフリカの平原をセットしていく予定であった。

　その後については未定であったが、ここに旧遊園地という新しいタネ地が出現することになったのである。そこで、子ども動物園など教育系施設

や乗馬施設を重点的に配置して、子ども動物園跡地にゴリラなど大型類人猿の展示・繁殖施設を建設する構想が成立した。しかし好事魔多しで、子ども動物園の移設は予算の都合上不可能となり、急きょ遊園地跡地の活用に迫られることになった。幸いにして馬房とその他の飼育施設はできることになったので、これを活用して民間業者に管理運営を任せることとし、募集したところ4社の応募があって、小動物や乗馬などのふれあい事業を中心とした「ふれあい動物の里」を始めることができた。この間は、実際そのような事業が可能なのかなどと不安の日々であったが、ライオン展示場と同時にオープンすることができた。また、ライオン放飼場については、ネーミングライツを募集したところ応募してもらうことができて、幾分かでも市財政に寄与することができた。市財政との関係でいえば、旧遊園地の大型遊具については、撤去ではなく売却することができたので、撤去費用がまったくいらなくなったことなど職員のアイデアによる経費削減がいくつか行われている。

　動物ふれあいの里では、スタート時には乗馬、餌やり、ウサギとのふれあいなど事業展開であったが、平成29（2017）年度からは新たに「ウサんぽ」などの事業を開始し、充実してきている。また、当初の目的の1つであった、モノレールからの視認性、様々な動物がゆったりとくつろぐ姿を見ることを達成している。すでにみたように動物公園の入り口は3つあり、そこからの道はやや急勾配の坂道である。この坂道が最初の関所になってしまう。そこで入口付近に動物を配置するのがウェルカム動物である。着任早々、坂道には動物の足跡を書いて、退屈しのぎをしてもらうことにしたり、登るのに難渋な方には電動車椅子を配置することにしたが、それは一時しのぎにすぎない。ウェルカム動物の配置もやはり職員の創意工夫に期待することにした。正門には登った先にいるサル類を代表して動きの速いワオキツネザルを、西門にはペンギンを配置することで現在、計画を進めている。予算の都合もあり、しばらく先にはなるだろうが、基本的な骨格は準備されている。

　動物公園は動物に関する情報を発信することが基本的な役割である。生きた動物を見てもらうことにより、多様な世界を現実のものとして実感できることが最優先される。だが同時に、動物公園は動物に関するより多面的な情報を発信する必要もある。そこで、絵本や歌、芸術作品などを紹介する場として既存の科学館を活用することとし、またワークショップなど

が可能な空間としてレクチャールームを改造した。現在発行されている動物絵本をすべてそろえ、毎週1度は絵本の読み聞かせのイベントを実施している。現在では、なんでも動物園と銘打って、動物科学館で展開されている。

　さて、ここで着任して早々に発した宣言がある。これからの動物公園を運営するにあたって私の基本的な姿勢を明らかにしておく必要があったので、それを内外に宣言することにした、私の決意表明でもある。それは以下のような宣言だ。

【リスタート宣言】

① <u>動物公園を開かれた動物園とする</u>
　「開かれる」とは市民、学校、研究機関、企業など外部の人たちすべてに開いていくことを意味します。これまでどちらかというと動物園は閉じこもりがちで、すべてを自分の考えで対応しようとしてきました。これを思い切って開放するつもりです。そのことによって、市民やいろいろな分野の専門家の知識も活用することが期待できます。また動物園内の能力をさらに伸ばしていくことも可能になると考えます。

② <u>楽しい動物園とする</u>
　動物園で提供できるサービスは、動物の展示だけではありません。園内を見やすくするサイン、観覧ルートの紹介、食堂の充実、ショップ、ベンチなどのサービス施設、そして何よりもサービス精神が重要です。飼育担当者がなるべく園内を歩いてみなさんに声をかけてもらうことなどを心掛けていきたい。制服も動物園らしく気軽でやさしいデザインにしたいものです。
　動物は、飼育場所の限界がありますから、自然とまったく同じ状況におくことはできませんから、その種のもっている特徴がわかるような「特徴展示」を目指していきます。
　全体としては、来園して楽しい思いが演出できることと、ゆったりと豊かな気持ちの時間が過ごせるように努めたいと思います。

③ <u>動物のことをわかりやすく伝える</u>
　動物は見ているだけではなかなか分かりにくいものです。いろいろと補助

が必要ですから、解説板を充実して動物のことをわかりやすくするとともに、飼育係や園長が話す機会を増やしていきます。現在、飼育係の「ちょっといい話」という催しをやっていますが、この機会を増やしていくとともに、新しく「園長と一緒」といって、園長をはじめとして職員が園内をガイドする催しをしていきます。職員がお話をする会も連休をめどに開いていきます。その他、児童向け、教員むけ、大学生・研究者向け、母親や団体向けのプログラムを準備しています。

④　動物の繁殖や国際・国内の動物園つながり

　動物園の動物は最近売り買いをしたりすることは少なくなっています。動物園での繁殖技術が向上して、個体数が多すぎてしまう種がいるとともに、なかなか繁殖がうまくいかない種も依然としてあります。そこで、世界の動物園は動物園の中で繁殖して必要な個体数を確保するのに計画的に繁殖して、共同して運営するようになってきています。例えば、千葉市で日本のどこにも飼っていない動物種を入れて繁殖できたとしても、その子どものペアの相手は国内にいないことになります。こうしたことから、世界レベルで繁殖計画を考える、そしてそれを日本レベルで実行するという計画が進められています。ですから、これまでのように一つ動物園のことだけを考えて収集・展示・繁殖計画を立てるのではなく、共同して計画と実行が必要になります。千葉市動物公園は、日本の責任団体である日本動物園水族館協会に深く関与して、その一翼を担いつつ、強力に繁殖計画を進めていくこととします。

平成26年4月3日　石田　戢

　ここで述べた「開放された動物園」の1つとしてボランティアに大きく道を開いたことがあげられる。ボランティアの活動形式としては大きく2つの方向が考えられる。1つは、動物園主導型で、動物園のスタッフが事業と分担などを明確にしてその指導のもとに行うものである。もう1つは、ボランティア自身の自由な選択のもとに自主性をもった活動スタイルである。私は、最初のミーティングでどちらを選ぶかをボランティア自身に決めてもらうことにした。結果は自主的な活動方式が選ばれたのであるが、そこで動物園でどんな活動をしたいのかを各自が考えてもらうことにした。

　こうして現在では10を超える活動形態が実施されている。例えば、オー

ソドックスに動物の解説やバードウォッチングをする場合もあれば、樹木に種名ラベルを付けたり、春には桜ガイドをする人たちも現れた。外部の力との関係でつけ加えておくと、千葉の地域野生種の保護という課題がある。これに関しては当初、千葉市の鳥であるコアジサシの保護を事業化することで達成する目論見であったが、ニホンイシガメも保護の対象として加えた。コアジサシは淑徳大学との連携により外部資金を得て、ゆっくりとであるが進んでいる。また、ニホンイシガメについても東邦大学のプロジェクトに参加し、現在園内で飼育・繁殖を目指している。

② 展示の改善

　リスタート構想の中心的な課題は、展示の全面的刷新であるが、それには時間と費用が必要である。そこで当面動物展示を中・小規模で改善して、大規模改修の間をつないで行かなければならない。動物公園の展示スタイルの特徴として、展示場を見下げる形になっていることはすでに述べた。これをなんとか同じレベルで見られるようにできないか。だが、そのためには大量の土砂が必要であり、大規模な工事を伴ってしまう。ちょうど、ライオン展示場の工事では、深い堀を掘ることになったので、この土砂を利用してカンガルーの展示場を埋め立てることにした。カンガルーであれば工夫さえすれば、直接目の前の同一平面で展示できるのではないか。こうして小規模展示改善の第1弾としてカンガルー展示場の改善をすることができた。鳥類・水系ゾーンにあるエミューの展示は、もともとカモ類の展示場である。水路を引いて池が配置されている。この一帯はリスタート構想では、湿地の展示となっていて、ビーバーの巣を作る計画である。ビーバーに流れを提供して、それをせき止め、池作りをしてもらおうというものである。この計画に向けて、エミューを移動して、旧水禽池を活用する準備を進めている。とはいえ、ビーバーの巣作りは世界的にもあまり例を見ない難しい課題である。水の量、流れの形、段差の大きさ、流れの音、ビーバーの個体の選択などいきなり施設を作るのはいささか危険でもある。そこで平成29年度から実験的に水路を作る準備をしている。

　ミーアキャットは人気のある動物である。立ち上がる姿、素早い動き、時にアイコンタクトさえしてくれる。平成29（2017）年には4頭の子どもも生まれた。彼らを集団で飼育してみよう。それには既存の施設では手狭であるから、展示場を広げ10頭程度の群れでの展示をする予定である。

また、ライオンから平原にいたるパノラマ的眺望を実現することも併せての狙いである。幸いにしてイオンの風太カードによる寄付が積み立てられている。これを活用して工事をおこなうことにした。ミーアキャットはその風貌に似ず、群れ内での闘争が起きる可能性がある。これまで培ってきた飼育技術のみせどころでもある。

③ WAZAとSpecies360

WAZA（世界動物園水族館協会）は、世界の有力な動物園が加盟して、情報交換や意見交換を行っている団体であり、リスタート構想の初めから加盟を追及してきたが、平成27年度に加盟が認められた。おりしもイルカの捕獲問題でJAZA（日本動物園水族館協会）の資格が一時的に停止されるというさなかにあって、極めて困難な課題を突きつけられた状況であった。ただし、WAZAは基本的に単独園館が会員として認められるのであって、JAZAが資格停止されても、千葉市は独自に加盟していることから、いくつかの意見照会はあったが取り立てて問題視されずに状況に対処することができた。2016年のメキシコ会議では、私に30分ほどの時間が与えられ、千葉市動物公園の紹介を行った。また国際血統登録システムであるSpiecies360（旧ISISを改称）にも参加しデータや解析ソフトが利用されている。

④ 教育事業の強化

動物園の役割にはいくつかあるが、最も基本的なものは、動物に関する情報を伝えることにある。動物園は動物を野生から連れてきて、展示することを通じて動物を理解してもらい、野生動物の豊かさと大切さを認識してもらうことにある。そのキーが教育活動である。千葉市動物公園ではこれまでも教育活動に重点をおいて運営してきたが、着任を機会に改めて教育活動を充実することを目指した。教育活動は個人に対するものと団体に対して行うものとがあるが、個人への活動として、例えば園長やアドバイザーによるガイドツアー、ボランティアによる解説の充実などがある。講演会などを定期的に行ってきた。団体に対するものとしては、学校団体の来園時に使用してもらうプログラムを開発した。新たに10数種のモデルプログラムをホームページに掲載して来園の際のワークシート作成に活用してもらう。また、学校の教員により間接的な理解を得るものとして、夏

休みに教員向けの研修を実施することとした。

　これらの活動は、動物そのものへの理解を求めるものであるが、動物はさまざまな分野に登場していることに着目した。多様な分野での「なんでも動物園」としての名乗りである。その第1弾が絵本である。子ども向け絵本の題材の半数以上は動物であって、そこではあらゆる角度から動物が描かれている。動物園内の図書室の中心的なコレクションを絵本へとシフトして、貸出しを行うとともに、毎週絵本の読み聞かせの会を催すこととした。これにはボランティアの力が大いに与かっている。第2弾は童謡の世界である。童謡でも絵本と同様に半数近くが動物である。親や祖父母から子どもたちに伝えるために童謡をCD化して放送するとともにCDの貸出も行っている。各種のアート作家によるグッズの販売も始めた。

　最近の新しい試みとしては、主に講演会に使われていたレクチャールームを改造して、ワークショップ型のレクチャールームに改造した。というのは、近年の教育活動はお話によるものから参加型の、つまり何らかの作業を一緒にしながら学んでいくものへと変化しているからである。他にも園内の多様な樹木に樹種名札を付ける活動も、ボランティアの協力をえて開始している。

5　プロジェクト型による事業の推進

　平成24年度から、動物公園は組織構造を大幅に変更することとなった。それまで班（長）—係—課（＋課長補佐）—園長という指揮命令系統であったものを、課係を廃止し、係長（主査）—副園長（＋副園長補佐）—園長と簡素化するとともに、2課長を2副園長とし、それぞれ事務分担を変更し、ルーチンワークの組織を班単位として上で、臨時的な業務をプロジェクト型に移行することとした。

　以下に羅列するような臨時的な要素の強い業務及び個人によって得意な分野がありうるものについては、すべてプロジェクトによる推進形式とした。これにより、従来の縦割り型組織を、個人の能力を踏まえた横断的なものにして、組織の流動性を高めることを目指した。こうして多くの事業企画をプロジェクト型で実施することとなった。プロジェクト型組織を利用したものとして、次のものがあげられる。

　　1‥ライオン展示
　　2‥平原ゾーン猛獣プロジェクト

3‥ミーアキャット
　　　4‥草原ゾーン電動扉改修
　　　5‥科学館展示変更
　　　6‥ウェルカム動物（正門：ワオキツネザル（西門：ペンギン）
　　　7‥サインデザイン
　　　8‥魅力向上・遊び場計画・なんでも動物館
　　　9‥教育活動
　　　10‥広報活動（展示リニューアル広報、園外活動）
　　　11‥公園施設長寿命計画
　　　12‥電気機械設備更新
　　　13‥給排水設備更新
　　　14‥汚水処理場改修
　　　15‥建築物保全
　　　16‥個体台帳の新システム
　　　17‥動物収集・更新計画
　　　18‥動物病院医療機器の導入
　　　19‥医療技術向上トレーニング

6　**野生動物の動物園内での保全──域外保全と私の活動**

　動物園の役割の１つに自然保護が挙げられている。動物園は野生から動物を連れてきて展示している施設だから、動物の生まれた場である自然に対して何らかのフィードバックをしなければならないのは当然である。とはいえ、直接に野生動物の保護活動をしている動物園は少ない。最小限であっても、私たちにできることは何であろう。動物園に最もふさわしい活動が、域外保全活動である。用語の解説を行っておくと、「域外」とは、「域内」の反対語であるが、域内とは野生動物の生息域内、つまり自然の生息地であり、したがって「域外」はそれ以外の場所、端的には飼育状態にいる野生動物の保全を意味する。具体的には、動物園内で繁殖した個体をストックしておいて、それを増やして、野生に戻したり、最低限これ以上、野生から持ち込まない状態を作ることである。また併せて飼育下にある動物を繁殖させる技術を向上させる、動物たちの行動や生態を研究して、野生での保全に役立てることもある。ちなみに野生動物の野外での観察は極めて困難で時間と労力を要する仕事であり、飼育下での観察は自然のもの

とは同じではないが類似するところもあることから、少なからず野生での調査の参考になるのである。これまでの事例では、わずかに生き残っていたトキやコウノトリを、動物園などの飼育施設で繁殖させて野生に戻すなど、世界的には数十の事例があり、日本でもすでにいくつか行われている。

　環境省もまた、平成29（2017）年に「種の保存法」を改正して、こうした事業に貢献している動物園を認定する認定動物園制度を発足させようとしている。千葉市動物公園としては日本動物園水族館協会や世界動物園水族館協会と協力して、多くの希少野生動物繁殖計画に関わっているし、独自には千葉市の鳥であるコアジサシやニホンイシガメの繁殖・保全に取り組んでいる。

　私個人としてはマレーシアのボルネオ島・サバ州にあるキナバタンガン川流域などの保全活動に携わっている。そこではボルネオオランウータンをはじめとして多様な動物種が生息しているが、油ヤシのプランテーションが広がり、彼らの生息域を寸断している。油ヤシは現地の人たちの主要な産業となっているので、単純にそれを止めるなどはできないが、動物たちが生きて、交流できるだけの最低限の土地を確保するための活動をおこなっている。オランウータンなどが食料や配偶相手を見つけるための移動ルートを回廊上に確保する「緑の回廊」計画、つまりは土地の確保である。また適正な油ヤシ生産を進めるための商品認証制度の推進、川を渡れないオランウータンのための「吊り橋」の設置、必要な植樹などである。こうした活動はささやかであるが、少しでも野生動物の保全に役立てばと思って参加している。

園長日記より

> 著者は、千葉市動物公園の園長として勤務をはじめた2014年4月から「園長日記」と題して園内の観察日記を公式ホームページで公開しています。ここでは就任当初の1か月のようすを採録します。動物園の仕事と、来園者やスタッフに見せる動物たちの表情がおもしろく伝わります。
> https://www.city.chiba.jp/zoo/

2014年4月1日（火曜日） 4月1日に新しく園長になりました石田戢（おさむ）です。これから私の目からみた動物園の姿や私の感想などをお伝えする場としてこの日記を書いていくつもりですのでよろしくお願いします。昨日は朝、園にきてから早速新しく動物公園に着任した職員に辞令を交付しました。その後、市庁舎に行って市長から辞令をいただいて、今後の動物公園の運営について20分ほどお話をしましたが、市長は動物園に強い関心と改善する意欲を持っておられて、改めて頑張らなければならないなと決意しましたね。終わったら記者会見がありましたので、今後の抱負やらこれまでやってきたことなどが話題になりました。あまり話をするのはうまくないのですが、40分ほどしゃべっちゃいました。自分のことが書かれた記事を見るのは、少し恥ずかしいですね。幾分シャイなので。その後は、荷物の整理や引継ぎ、あいさつ回りで午後を過ごしましたので、あまり動物のことを見て回ることができなくて残念。事務所の周りの桜だけはよく目に入ったのであまり贅沢は言えませんね。5時過ぎに職員全員に集まってもらって、簡単な挨拶と私の考え方を披露しました。かいつまんで言うと心を各方面に開いていただくとともに自分自身も開放してもらって新たな気持ちでリスタート（再出発）してください、ということでした。詳しくは「動物公園リスタート宣言」をお読みください。まあ、少しは私の気持ちが分かってくれたかなと思ってます。夕方7時ころから新たに加わったスタッフと楽しい意見交換をしましたね。夜はゆっくり眠れたので思ったより元気です。赴任前の心配は私の健康でしたので、あまり疲れが残っていないのはいい兆候ですね。石田戢、67歳10か月でした。

2014年4月2日（水曜日） 2日の朝、参りましたら、フラミンゴの移動をするところでした。フラミンゴ舎は、2月の大雪でつぶれてしまい、一時、動物病院に3種のフラミンゴを収容していましたが、なにしろ狭いので、カモ池のカモ類を収容して、本日チリフラミンゴを旧カモ池に出しました。新しい環境に戸惑っているのか、池の中で固まって泳いでいましたが、しばらくして陸上にあがり少し安心しているようです。フラミンゴがいた場所はネットも支柱もなくなってなかなかいい景観になっているのは、皮肉ですね。当面屋根付きの動物舎を再建することができそうにもないので、何を展示するか検討プロジェクトを発足することにしました。早いうちに方針を決めたい。午後は中心メンバーが集まってこれまでの運営などについて報告を受け、今後の課題などを整理して、当面の行動の分担を決めました。会議後は、あちこちとあいさつ回りです。いろいろと共同・連携して事業を進めていくつもりですので、しっかりと情報交換をしていかなくては。帰ってみると職員一同張り切って、夕方遅くまで準備や意見交換をしていました。頼もしい限りです。

2014年4月6日（日曜日） 11時ころに近

隣のみつわ台団地の「桜まつり」に挨拶がてら見に行く。露店や自治会の店がたくさん出ていてにぎわっていた。ちょうど市長と一緒になって、案内してみなさんに紹介していただいた。桜並木は見事で、午後になると宴会の人たちもたくさんやってくるとのこと。赴任して全職員と面談することにしていたので、午後3時まで職員の話を聞きました。みなさん特徴のある主張をしていたので、会話が弾んでいろいろな話ができて、参考になった。ちょっと時間があったので、園内の動物を身にいく。事務所から近いのはマレーバク、3頭いるのだがいずれも運動場を歩き回っていて、あまり見たことがない光景。マレーバクは昼間寝ていることが多くて、こんなに動いているとは少し驚き。おしっこを頻繁にだしていて、ふつうはマーキングといって何かのものをめがけてするのに、まったく単に放尿していた。ところ変われば品変わるといったところだな。これが普通なのか担当に聞いてみよう。その隣のオオカンガルーも結構動き回っていた。1頭は袋の中に赤ちゃんがいて顔を半分ほど出していた。親の袋から顔を出して親と一緒に地面の草を食べていた。今年1月生まれだというから、もうしばらくすると袋から追い出されるかも。動物をみているとアッという間に時間が過ぎて、3時からはボランティアさんとの懇談会。15人くらいの方々が集まって、今日はみんなで自己紹介くらいしかできない。でも個性的な人が多くて話を聞いているだけでも面白い。午後になって雨交じりで寒い。ああそうだ、私の名前は「おさむ」というのを忘れてた。字は極めてつきのレアもので、口を書いてその下に耳、右側に戦の右側、「矛がまえ」という旁（つくり）の名前ですが、それを書きます、それで戢、見たことないでしょう。

2014年4月8日（火曜日）、9日（水曜日） この2日間はあちこちと説明回りと会議。今年行う事業説明や幹部のみなさんと会議。年度の始まりだし、赴任したばかりの重要事項ですからね。すぐ近くの源小学校の入学式にも出席しました。行儀のいい子どもさんたちで、45分くらいだったけど、崩れたところはまったく見られない。保育園・幼稚園、家庭の教育がよかったのだろうと感心。新入学42名だった。おめでとう。あいた時間でちょっとした打ち合わせをしたりしてたら、すぐに夕方になってしまった。動物をみる時間なしです。

2014年4月11日（金曜日） 午後少し時間ができたので、レッサーパンダを見に。風太は夫婦で昼寝でした。風太の子どもの雄が2頭、やや毛が薄くて背中のところが抜けた状態になっているので気になったから獣医さんに聞いたら、毎年この時期は換毛時期でとくに風太の系統はその傾向がはげしいとのこと。遺伝ですか。これまであんまり見なかったが、なるほど。少し足を延ばして科学館にいく。この前来た時ナマケモノがなかなか見つからなかったので、再挑戦してみよう。科学館の中には2階まで吹き抜けになっている展示場があって、アメリカの熱帯雨林になっている。樹木が生い茂る中を鳥類が飛んでいるのだが、その中にナマケモノ3頭あり。外側はガラス張りだから、外からの光がまぶしい。そこで高いところにいるナマケモノを探すのは、私みたいな年寄りには少しつらい。まぶしいのと頭を上にあげてみるのは疲れる。しばらくあれこれ見ていると右と左の端のところにいた。ナマケモノには木からぶら下がるというイメージがあったが、ぶら下がるというより木の又に寝そべる感じである。しばらくのったりとした気分で見ていたが、もう1頭が見つからない。ふつう、動物を探すときは樹木の中にいても少し動くので、それを目安に探すことが多いが、何しろ相手は動かないのを特徴としている。結局、見つからないで今日はあきらめよう。ゴールデンウィークに簡単な講演会をするので、その準備をすることにして、デスクに戻りましょう。GWは晴れるといいな。

2014年4月13日（日曜日） 動物公園の園内サインを変える計画があって、カメラを

持って園内調査に出かける。すっきりした動物園にしたいなあ。園内を歩いているうちに、日曜日なので駐車場の混み具合が気になって見に行く。駐車場は広い、こんな広い駐車場はあまり見たことがない。11時ころには400m先くらいまでいっぱいになっていた。サイン計画でやるべきことも何となくわかってきたし、駐車上のイメージもわかってきた。ホームページの写真を撮るのでキリンの放飼場の中に入ってしまった。担当者が一緒だったので、あまり驚いている様子がなく、背中をむけたら近づいてきた様子で少しこそばゆい。1日歩いたのと、土曜日にラグビーやったので、足が痛くなってきたけど、まあいい1日でした。本日の入園者6300名ほど。

2014年4月15日（火曜日） 本日も1日忙しく過ごす。来客、打ち合わせ、取材など。成果はライオン舎の計画プロジェクトが発足したこと。来客を案内しがてら、動物をちょこちょことみる。バードホールにリビングストンエボシドリを3羽出したとのこと。バードホールのような大きな熱帯温室を設置しているところは少なくなっていて希少価値である。鳥は飛ぶと、止まっていると見えない美しい羽が見えることがある。この鳥も飛ぶと赤い羽がきれいだ。やはり鳥は飛んでこそ鳥だなあと思う。ハシビロコウのところで取材を受けていたら、いきなり地面に首を突っ込んだので何を食べたのかな。ミミズを食べていました。周辺の緑は今が最高で気持ちがいい。明日はもっときれいになるかも、1日1日色が変わっていくのも楽しみである。明日は会議中心の1日となりそう。

2014年4月20日（日曜日） 16日と17日は、ほぼ1日中、会議と打ち合わせ。2年後のライオン舎と子ども動物園リニューアルに間に合わせるためには、設計を早くしなければならないので、着任早々にスタートしなければならない。それに教育事業を改善するなどなどで会議が多くなるのもやむをえないか。職員のみなさんとも面談するしごともあるから、机にへばりついている時間が多くなる。

今日も6人の職員と面談、詳しい事情や問題などを聞く。少し時間があったので園内を探訪。ハシビロコウのすぐ前に鳥舎があって、そこにアフリカヘラサギがいた。文字通り箆（へら）のようなくちばしを持ったサギであるが、なぜか笹がおいてあって、ヘラサギがついばんでいる。朝、飼育係が置いたのであろうが、葉の部分がほとんど残っていない。あれあれ、笹を食べるのか、あとで担当者に聞いたところレッサーパンダが食べた残りを巣作り用に出したのだそうだ。そうだよなー。魚食だけと思っていたのでおどろいた。レッサーパンダの前は相変わらず人だかり。3頭の雌がじゃれあっているのが人気。カメラの列ができていた。私はカメラを事務所に忘れてきたから、残念ながら写すことができない。午後からは少し寒くなってきた。少し疲れているから風邪を引かないように注意しよう。

2014年4月22日（火曜日）23日（水曜日） 両日とも1日会議と打ち合わせでした。会議と打ち合わせといっても何をしているわからないでしょうから、どういうことを会議しているかちょっと紹介しておきましょうか。22日午前中園内のサインを検討中なので、モノレールの駅から園内全般のサイン計画立案のために打ち合わせと園内視察。午後は、子ども動物園とライオン舎の設計のための打ち合わせ、総勢15人くらいで会議です。この両プロジェクトともに今年度の中心事業なのでしっかりやらねば。それが終わって、新聞社の取材と職員の面談、合間を縫ってちょっとした相談など。23日午前中、園の幹部の人たちと定例の会議。7人のメンバーのうち4人が新しいメンバーなので勢いわからないことも多く、質問が加わって少し時間が長くなる。いずれ短い時間でまとめるようにしなければ。午後は、ハシビロコウの命名募集をしたので、その審査委員会。関係する有識者のみなさん6人で審査していただく。なかなか面白い意見がでていたが、29日に命名式があるので、この話はそれまでお預けです。応募していただいたのは2,000通ほど

あった。ありがとうございました。その後、子ども動物園の設計のための諸要件を園内で検討する。遊園地の跡地をどのように利用するか、その前提として状況説明を受け、意見交換する。といった具合です。少し疲れたのと寒くて足元が冷えたので風邪気味。

2014年4月24日（木曜日）　今日は早起きして園内で見ていないところを歩く。餌を作っているところを見ようと8時前に行ったが、すでに終わっていた。いやはやご苦労様です、残念でした。それではとゾウ舎に行って、朝のトレーニングを見せてもらう。ゾウはあれだけの体重だから脚にかかる負担が大きく、脚の健康管理が重要になる。脚を自主的に動かさないようなトレーニングをして、蹄（ひづめ）の間に消毒液などを注入、脚の裏のケアなどを行っていた。結構足の裏の襞（ひだ）が多い個体で砂利などが食い込んでいないかチェックする。その足で、クロザルのところにいく。クロザルは先月雄が来園して検疫して、その後、2頭いる雌と見合いなどしてならしていたが、本日から同居。一緒に展示場に出したが、トラブルなどなし。少し落ち着きがないのは当然であろう。帰りにブラッザグエノンの前を通ったら雌がこちらを凝視しているので、少し付き合ってにらめっこしてみた。あごひげが白く、額のところに茶色の毛がふさふさしていてなかなか魅力的な種である。個体としても面白そう。事務所の前のハシビロコウのところでは雄が体を前に出してきて威嚇してきた。少し時間をかけるといろいろな反応が見られて楽しい。私だけが楽しんでいてはいけないか。本日は暖かくて入園者1,113人。

2014年4月29日（火曜日）　本日11時からハシビロコウの命名式。さて、なんて挨拶しようか。ハシビロコウは動かないことで人気を得た動物であるが、こんなことは今までなかった、という話にした。ハシビロコウは千葉市動物公園の「動物総選挙」で第1位になった。もっともレッサーパンダが候補に入っていないので、人気は第2位かもしれない。そうはいっても全国的に鳥が人気動物のトップになることはないので、これは珍しい。名前も雄を「じっと」、雌は「しずか」と決まったのだが、これも実は珍しい。じっとは品詞でいうと副詞で、名前に副詞を使うのもほとんどないといってよい。千葉のセンスはなかなかですよ。命名式には100人くらいのお客さんが参加してくれてありがたいことです。ハシビロコウの方は人だかりにややびっくりした様子で落ち着きが少し欠けていた。らしくもない。じっとしていてくださいな。午後は濾過槽の汚泥の処理方法について検討。　いい方法が見つかりそうである。

2014年4月30日（水曜日）　午前中は入園者データやサイン計画、今年の目標などの設定について会議。職員への周知方法などを検討してたら、すぐに昼になってしまった。昼休みに食堂に行きがてらちょっと1回り。朝から降っていた雨は小休止していた。するとエジプトハゲワシが翼を広げていた。多分、羽を乾かしていたのだろう。昨日の午後から雨だったから、雨がやんだらさっそくやったのか。ヘビクイワシはうろうろ落ち着かない。私がアフリカで見たヘビクイワシは木のてっぺんで周辺を睥睨してかっこよかったのであるが、こういう側面もあるのか。レッサーパンダの源太は円柱のてっぺんに登ってじっとしていた。雨上がりの動物園も面白い。残念だがお客さんはほとんどいませんな。

最新の園長日記は千葉市動物公園公式サイトで公開されています！
https://www.city.chiba.jp/zoo/

千葉市動物公園の歴史

① 前史――開園まで

　千葉市での動物公園建設に向けた動きは、昭和45（1970）年にまでさかのぼる。同年、市民有志から動物園設置の要望書が提出され、採択された。動物園導入の社会的背景には、人口の急増とともに東京から自立した経済圏の形成があり、政令指定都市に向けた条件整備とともに、独立のレクレーション施設整備への要求が高まっていたことが挙げられる。要望書提出の翌年から基礎調査が始められ、昭和47年6月には「動物公園協議会」を設置、ごく簡単な基本構想が提起され、さらに本格的な基本構想にむけて造園業者に報告書の作成委託を行っている。急ピッチの動きである。昭和48年3月の報告書では、まず計画地を5つの候補地から若葉区源町内が選定されている。そこは市街化調整区域でありながら市外中心部から遠くないこと、県立スポーツセンターから近く、一定以上の敷地が確保できることなどが挙げられている。時代が高度成長期であったことも幸いしていた。昭和49年1月の「市政だより」には、クマ舎、猛獣舎、ゾウ舎など13の動物舎とおサル電車、ヒツジ牧場など10の関連施設の構想が描かれている。しかし実際に作られた動物園とはまったく別の施設計画だったようである。こうした急ピッチな建設推進の中心を担ったのが昭和48年から千葉市議会議員を務めた宍倉清蔵氏であり、宍倉氏の精力的な協力が早期の動物園建設に果たした役割は大きい。しかし昭和49年のオイルショックでしばらく動きが停滞した。

　日本経済の回復とともに、昭和53（1978）年には「動物公園懇談会」が設置され、市議会、地元関係者、学識経験者などの意見を聴取しつつ、翌年には千葉市北部総合公園として都市計画された。環境アセス、用地の買収なども進められ、市役所内では、昭和56年、都市局公園緑地部内に動物公園建設室が設置され組織体制も整えられ、建設事業決定もなされいよいよ本格的に建設が進められることとなっていった。昭和57年には、実施設計が完了し、さらに千葉市第3次5か年計画の重点事業に指定されて、具体的に事業に着手され始めた。

　事業推進の第1は土地の取得である。用地は買収を基本としたが、先祖からの土地を手放したくないという土地所有者も少なからずいたため、一部を借地として借り上げることで了解を得ることができた。来園者の大規模な

運送手段は、急ピッチで進められる都市モノレールの完成を待たなければならなかったために、バスによる輸送と駐車場の確保である。バス路線の確保については民営バス業者との協定を結び、国鉄千葉駅と稲毛駅からの2路線を確保した。また駐車場は、昭和48(1973)年に隣接するスポーツセンターを中心に行われた国民体育大会（若潮国体）で使用された県有地を駐車場として借地することが可能となり、全国でも例を見ない大規模な駐車場となった。

② いよいよ開園

建設工事も順調に進み、昭和60(1985)年4月25日、関係者を招待して式典が行われた。この間にも工事や点検、動物の馴致など準備は進められ、28日、開園日を迎えた。

開園を控えて動物たちは続々と世界中から集まり、にぎやかになっていった。来園した主な動物は、シンガポール動物園からオランウータン、ウガンダからアビシニアコロブス、ハシビロコウ、カナダからカナダカワウソ、ほかにもゴリラ、チンパンジー、フクロテナガザル、ヨーロッパバイソン、オニオオハシ、マンドリル、レッサーパンダなどである。開園日には間に合わなかったが5月にパラグアイからオニオオハシ、8月にアメリカからココノオビアルマジロ、9月にはパプアニューギニア政府からセスジクスクスも寄贈されて、彩を添えた。繁殖に関しても昭和60年11月にはセマダラタマリンが生まれ、日本動物園水族館協会（日動水）の繁殖賞を獲得している。開園区域は約20㏊、主な施設としては、科学館、モンキーゾーン、子ども動物園、家畜の原種ゾーン、小動物ゾーンなどである。初代園長は宗近功、以下職員32名であった。

開園日および翌29日の正確な入園者は記録されていないが、29日は約56,000人と数えられ、30年を経たのち現在にいたるまで、この記録は破られていない。昭和60年度の年間入園者は86万を超えている。繁殖状態も良好で、オセロット、セマダラタマリン、パタスザル、フタコブラクダなどが1年の間に生まれている。

昭和62(1987)年度にはボリビアからミユビナマケモノ、アカミミコンゴウインコが来園し、マレーシアからはシルバールトンも参入している。またアビシニアコロブス、ショウガラゴ、モウコノウマなども出産している。このうちモウコノウマは国内初出産で、他にも7種ほど日動水から繁殖賞を授与されている。しかし、入園者数は昭和61年、62年度にはそれぞれ48万、42万人と低下してきた。

この間の特筆すべき出来事としては、昭和61(1986)年10月ヨーロッパバイソンと昭和62年1月モウコノウマの繁殖である。ヨーロッパバイソンはかつてはヨーロッパに広く分布していたが、開発や戦争などによって絶滅寸前にあったものを動物園での繁殖個体を中心に保護区に放ち、再生さ

せた貴重な種であり、モウコノウマは野生ではほぼ絶滅したといわれていた種である。いずれも動物園での繁殖が課題となっている種であったが、開園してすぐの千葉市で繁殖させたことは誇っていい出来事である。

③ 第2次開園

とはいえ昭和60（1985）年の開園は、第1次開園であって、アフリカ平原ゾーン、鳥類・水系ゾーンなどを含む第2次オープンと全面開園の準備が進められていた。昭和62年4月には、職員9名を新規採用して、研修を始めた。8月にはアジアゾウのオスがスリランカから寄贈され、12月にはメスゾウも来園して、特別公開された。ゾウ舎は第2次開園に含まれる計画であったが、ゾウが先に到着して、ゾウ舎も使用可能であったことから、第2次開園式典にさきがけて、一般開園されることとなった。スリランカからやってきたオス・ゾウはスラタラと名付けられており、贈呈式は昭和62年8月24日に行われた。ゾウの来園にあたっても、前述の宍倉清蔵氏の特別の尽力があって可能となった。メスのゾウは12月にミャンマーから来園し、アイと名付けられた。昭和63年に入って4月の第2次開園に向けて多くの動物たちが来園している。キリン、アシカ、オランウータン、ボンテボック、オオカンガルー、ブラッザグエノン、グレービーシマウマ、セーブルアンテロープ、マレーバク、フラミンゴ類、ガンカモ類、アフリカハゲコウ、ヘビクイワシなどである。第2次開園の新施設は、アフリカの平原ゾーン、鳥類水系ゾーンであり、これにより台地上の敷地での施設計画は完成することになる。また昭和63年2月、モノレールが完成し、交通機関も確保され、いよいよ第2次開園式典を迎えることになる。

第2次開園を前後して、動物公園では多くの動物種が誕生している。昭和62（1987）年にはセスジクスクス、クロミミマーモセット、オウギアイサ、63年にはグレービーシマウマ、エリマキキツネザル、アジルマンガベイ、平成元（1989）年度には、スレンダーロリス、セーブルアンテロープ、アメリカアカリス、平成2年度にはボルネオオランウータン、ボンテボックなどである。この内、3種は日本国内初繁殖で、日動水の繁殖賞を与えられている。

④ ドリームワールド

動物公園は台地とその周辺の低地および両者の間にある崖地によって構成されている。崖地の部分は、樹林地として保護されているが、周辺の低地は駐車場として利用されている敷地を除いては空地であって、当初から遊園地の予定地であった。平成3（1991）年6月、計画最後の施設である遊園地がオープンした。主な施設は、観覧車、ドリームドラゴン、急流すべりなど12施設であり、特に観覧車はモノ

レールからばかりではなく近隣からのランドマークとして親しまれる。名称は公募により「ドリームワールド」と名付けられた。ドリームワールドは予想していた以上の集客効果を引き出した。導入した平成3年度には、入園者は100万人を突破し、翌年度も97万人を記録した。入園者100万人は、開園以来初めてのことであり、この記録は現在まで破られていない。その後もいくつかのからくり人形時計やアストロファイターなど新機種を導入して動物公園の人気の1つになった。

5　平成時代

ドリームランドの開設以後、しばらくの間は新しい施設は作られていない。動物の動向としてもさしたる変化のない平穏な時が過ぎていった。特筆すべき事態としては、ゴリラの繁殖がうまくいかず、日動水との協議の結果、繁殖促進のために上野動物園にモモコを貸出したところ、平成9（1997）年めでたく子どもを出産したことであろう。

平成12（2000）年は、子ども動物園がリニューアルのため閉鎖されることになったが、そのためか新しい教育事業が始められている。その1つがガイドツアーで、土日に行われた。この年、ヘビクイワシが初めて繁殖している。平成13年10月には、子ども動物園のリニューアルが完成。久しぶりの園内施設の充実である。新しい「子ども牧場」では、ペルシュロンという大型の馬と小型のポニーを対比させる「こども牧場」、「ヤギとヒツジの広場」では動物たちに自由に触れ合えるように設定し、カピバラやペンギン、インコ、リスなどの展示、飼育センターでは各種工夫を凝らした室内展示が行えるようになった。

6　風太、全国区で評判

平成16（2004）年、静岡市の日本平動物園から繁殖のために来園した「風太」は、しばらくして朝日新聞にその特異な立ち姿を取り上げられ、全国的な注目をあびることになった。レッサーパンダはよく立ち上がることがあるが、風太の場合は両手（前肢）をだらりと下げて立ち上がるので、きわめて人間的な立ち姿になっている。このことが珍しいと話題になり、立ち上がるレッサーパンダとして人気を博した。風太の人気によって入園者は急増し、平成18年度には開園以来第3位の88万人を記録し、風太は千葉市動物公園を代表する動物となっていった。風太はまた繁殖成績がよく、相方のチィチィとの間に、ひ孫を含めて多数の子孫を残している。またその息子のクウタも多くの子どもを産み、この系統は多産である。多くの子どもを出産したこともあり、平成23年、3つの放飼場を増設した。

7　平成20年代

千葉市動物公園協会は、開園以来、動物公園の協力団体としてレストラ

ン、売店の経営、動物科学館での案内業務、ズーニュースの発行などの教育普及業務、子ども動物園のふれあい業務など市からの受託事業を実施してきたが、行政改革などの理由によって、平成24（2012）年3月をもって解散することになった。営業的事業は管理許可へ、その他の事業はいったん動物公園の直営業務となり、平成26年にはその一部を民間に委託して実施されている。

　平成20年代の特徴としては、比較的動きの少ない時代であり、入園者数も逓減したためか、各種のイベントを中心に運営されてきた。この時期のイベントで、今でも実施されているのは、毎年11月のズーフェスタ、4年ごとに行われる動物総選挙、障がい者を招待して行われるドリームナイト at the ズーであり、そのほかにも多彩な催しが行われている。

　平成20年代後半には、施設の老朽化が目立つようになり、また催しものの実施による集客にも限界が見えてきた。こうしてリスタートの考え方が醸成され始めた。平成24（2012）年にリスタートのための基礎調査が行われ、2年間の調査に基づいて「リスタート構想」が発表され、動物公園は新しい展開を迎えることになった。

8　入園者の動向：4つの山

　最後に開園以来の入園者の数的変化を見ていくことにしよう。開園当初は千葉地域で初めての大規模動物園として話題を集め、開園日にはデータをとることができないほどの混雑ぶりであった。いま思えばモノレールもまだできていない状況で1日数万人の入園者がどのようにして入ってきたかを想像するのは困難である。その熱が冷め始めて3年後に第2次開園がなされ、とりあえず動物園部分としては完成を見て、入園者も年間98万人を超えた。しかし入園者がピークを迎えるのは、その3年後、ドリームランド（遊園地）の完成によってである。ドリームランドは、これまでとは少し違った顧客層であり、主に5〜8歳くらいの子どもたちであった。こうして平成10（1998）年、入園者は年間100万人を初めて超える。この数字はこれまでで最高の入園者数であって、今まで100万人を超えた年はこの年だけである。一般に遊戯施設は短期的な施設であって、比較的早めに新規の遊具更新を必要としているが、これがあまりできなかった。その上、次第に老朽化して中には休止になったものもある。その後、入園者数は次第に下降し始める。この傾向に歯止めをかけたのは風太の人気である。風太は静岡市の日本平動物園から繁殖のための貸し出し、通常「ブリーディングローン」と言われている制度に則って来園したものである。風太はたちまち人気者となって千葉市のシンボル的存在になって、現在に至るまで話題に登っている。しかし入園者は次第に下降して、平成23（2011）年度あたりから、70万人を切っている。

平成28年度にリスタート構想に基づいて建設されたライオン舎は、久しぶりに入園者を増やし、動物園の入園者増加には新しい施設と展示の工夫が不可欠であることを示している。少子化や工夫をこらした刺激的なアミューズメント施設が増えるに従い、動物園の入園者を数的に維持・拡大するのは困難な仕事であるが、偶発的な動物の「個体」の人気はともかく、展示の工夫によって入園者を増やす以外の方法はないと思われる。蛇足ではあるが、イベントの開催による入園者増加への試みは、公立の動物園では経済効果を上げる側面から極めて困難であって、いつも何か楽しいことをやっているという印象を醸し出す以上の効果はあまり期待できない。

略年表

1970（昭和45）年9月　市議会に動物公園の設置要望
1971（昭和46）年　千葉市中期3か年計画に基礎調査、動物公園運営協議会設置
1971～1973（昭和46～48）年　基礎調査実施
1973（昭和48）年3月　地元市民より国体駐車場跡地利用についての請願書、提出される
1974（昭和49）年1月　基本構想発表
1978（昭和53）年　動物公園懇談会
1979（昭和54）年　千葉北部総合公園として都市計画決定
1981（昭和56）年　都市局公園緑地部に動物公園建設室を設置
1982（昭和57）年　千葉市第3次5か年計画の重点事業となる
1985（昭和60）年1月18日　動物公園協会設立
1985（昭和60）年4月28日　**千葉市動物公園開園**
1986（昭和61）年11月22日　ミツユビナマケモノ贈呈式（ボリビアより）
1987（昭和62）年8月25日　アジアゾウ贈呈式
1987（昭和62）年1月24日　モウコノウマ繁殖
1988（昭和63）年3月28日　**千葉都市モノレール開通**
1988（昭和63）年4月20日　**ゾウ舎・キリン舎など第2次開園**
1989（平成2）年4月23日　ゴリラの展示はじまる（モモコ、モンタ）
1990（平成2）年4月5日　トーテムポール贈呈式
1990（平成2）年9月21日　慰霊碑入魂式
1990（平成2）年4月27日　オランウータン、ナナ誕生（父・ラーマン、母・キャンディ）
1991（平成3）年6月12日　**「ドリームワールド」（遊園地）開設**
1992（平成4）年4月1日　政令指定都市移行、市の鳥としてコアジサシ決定
1993（平成5）年5月11日　ヒオドシジュウイ、国内初繁殖

1994（平成6）年6月27日　ゲルディモンキー、国内初繁殖
1997（平成9）年6月17日　ヘビクイワシ繁殖
1998（平成10）年　入園者1000万人を達成
1999（平成11）年3月16日　ゾウの骨格標本、科学館ホールで展示開始
2000（平成12）年7月3日　ゴリラ・モモコ、モモタロウを出産（上野にて）
2001（平成13）年10月25日　子ども動物園、リニューアルスタート
2002（平成14）年7月8日　モモコ、モモタロウ母子、上野より来園
2003（平成15）年4月26日　新オランウータン舎オープン
2004（平成16）年3月30日　風太来園（静岡市日本平動物園より）
2004（平成16）年8月11日　ハシビロコウ産卵（無精卵）
2005（平成17）年5月19日　**風太人気爆発開始**
2007（平成19）年4月　動物公園ボランティア活動開始
2007（平成19）年9月16日　第1回サポーターズディ開催
2007（平成19）年9月28日　エジプトハゲワシ来園
2008（平成20）年1月14日　エジプトハゲワシ、ダチョウの卵割りを初実施
2008（平成20）年8月26日　フタユビナマケモノ・タマチン、人工哺育開始
2008（平成20）年12月2日　モモコ、モモタロウ繁殖促進のため上野へ移動
2008（平成20）年12月15日　ゴリラのケンタ、ローラ、上野から来園
2009（平成21）年3月18〜22日　ズーフェスタキャラクターショー実施
2009（平成21）年11月6〜8日　第1回ズーフェスタ開催（以後毎年11月初旬に開催）
2010（平成22）年8月23日　第1回ドリームナイトアットザズー開催（以後、毎年8月実施）
2011（平成23）年4月24日　新レッサーパンダ舎増設
2012（平成24）年3月31日　動物公園協会解散
2012（平成24）年11月10日　第1回3館連携発表会（科学館、県立博物館との共同事業）
2013（平成25）年9月22日　第1回動物総選挙実施、第1位はハシビロコウ
2014（平成26）年3月　「動物公園リスタート構想」発表
2015（平成27）年5月31日　「ドリームワールド」（遊園地）廃止
2016（平成28）年4月28日　ライオン展示施設（京葉学院ライオン校）、ふれあい動物の里オープン

これまで飼育した主な動物

(哺乳類) セスジクスクス、ミナミコアアリクイ、ホフマンナマケモノ、ココノオビアルマジロ、ポト、オセロット、アジアノロバ、ハートマンヤマシマウマ、ヨーロッパバイソン、ボンテボック、セーブルアンテロープ、パカ、アフガンナキウサギ、ゲルディモンキー (鳥類) カンムリシギダチョウ、オウサマペンギン、イワトビペンギン、マカロニペンギン、シロエリハゲワシ、ペルーイシチドリ、ケリ、アカハシカザリキヌバネドリ

あとがき

　11年前に多摩動物公園を退職した時、動物園の現場に戻るなどとは想像もしていなかった。動物園を客観的にみることのできる立場になったこともあって、7年ほど前に『日本の動物園』(東京大学出版会)という本を出版した。動物園とはどういうところかを総論として明らかにできたように思う。各論としての動物園では、これまで上野動物園と井の頭自然文化園について書いてきたが、千葉市動物公園はこれまで書き物としてはあまり扱われてこなかった経緯もあり、私のいる間に書き残しておかなければならない、という漠然とした思いがあった。

　あたりまえのことではあるが、動物園にはそれぞれ特徴がある。これは設置者が意識している場合もあるが、そこにいると当たり前になって意識できなくなることもある。これを掘り起こして、意識化するのは必要なことだ。本書を書き始めたときに最初に心掛けたのはそのことである。千葉市動物公園の置かれている特質は何か、そのことと関係してどういう特徴が出ているのか。それを踏まえてどうすべきか。本文でも述べたが当園の入園者の年齢は低い。このことは、ごく小さい間に来て、それからだんだん足が遠のくことを意味する。少なくとも小学校の低学年の子たちがリピーターになってもらわなければいけない。リスタート構想以後の新しい課題はそれである。

　この数年のうちに何度かヨーロッパの動物園を見に行くチャンスがあった。行くたびにどんどん変わっていくのがよく分かった。変化の特徴は動物に対する配慮が軸になっている。かの地の冬は日本で理解するより相当寒い。動物園にいる大型動物の3/4は南の地域の動物である。北は動物相も貧困なのだ。南方の動物を寒いところで飼育する、特に冬季に飼育するためには暖房の効いた室内展示場が不可欠で、日本から見ると広大な室内展示場が必要なのだ。ヨーロッパは動物園的には温帯ではなくむしろ寒帯である。日本の動物

園はそこから比べると動物の福祉としての条件は厳しくないといえる。とはいえ、動物福祉に関わる社会的な動きは大きく変化しており、いままで以上の対応が必要な分野であることは間違いない。ヨーロッパのハンデを補っているのは、財政的確立である。新規の施設をつくる場合、企業や市民からえる資金は半端ではなく、これを募金などの集金専門の部署が担っていた。もちろん税金を基盤とする公共負担がまったくないわけではないし、入園料などの受益者負担も少なくないが、寄附などによる収入がなくては広大な新規施設はできない。ヨーロッパ社会のドネーション（寄付）の感覚・習慣と日本のそれとはまったく異なるが、なんとかこじ開けることはできないだろうか。これもアイデアが要求される分野である。

ヨーロッパでもう1つ気がついたのは、動物園内に遊び場を設置するのが当たり前になっていることだ。園長さんたちに聞いてみると、子どもたちは動物だけを見ていると飽きるからね、と簡単な返事であった。考えてみれば、小さい子が安心して遊べる場を提供するのは動物園の大事な役割である。動物園は育児支援施設であるともいえる。あたりまえであって見逃しがちな考えが、これからの新しい動物園の1つの方向である。こうした可能性はさまざまな分野に開かれていかなければ気がつかないし、まだまだ見逃しているのもあるかもしれない。

私はこれまでの職業生活のほとんどを動物園で過ごしてきたが、それなりに動物園の外に向けて目を向けてきたつもりである。またそれが私の1つの役割だと思っている。これからもできるだけ広い視野で動物園の周囲の事柄にも目を配っていくことにする。

最後に、本書で使用されている写真のほとんどすべては伊場真彦さん、傳見勇さん、河野真紀さんの撮影によるものである。写真が不得意な私にとっては大助かりであった。大変お世話になりました、あらためてお礼を申し上げたい。加齢のせいか何事にも億劫になっている私をなんとかここまで引っ張ってくれた社会評論社の板垣誠一郎さんには感謝感謝である。

著者紹介

石田 戢

(いしだ おさむ)

昭和21(1946)年東京生まれ、東京大学文学部卒、昭和46(1971)年上野動物園勤務、その後東京都公園緑地部、井の頭自然文化園園長、葛西臨海水族園園長、多摩動物公園飼育課長・副園長などを経て、帝京科学大学教授、平成26(2014)年から千葉市動物公園園長、この間、ヒトと動物の関係学会会長、ボルネオ保全トラストジャパン理事長、動物観研究会幹事などを歴任。

著書に、『現代日本人の動物観』(ビイング・ネット・プレス、2008年)、『日本の動物園』(東京大学出版会、2010年)、『日本の動物観』(東京大学出版会、共著、2013年)、『どうぶつ命名案内』(社会評論社、2009年)、『上野動物園』『井の頭自然文化園』(東京公園文庫)など多数。

動物園学と日本人の動物観を専門としており、特に動物園動物学、動物園利用者の動物嗜好と園内での行動、生命と虐待をめぐる日欧の動物観比較、ペットへの命名などに興味をもって研究を進めている。またボルネオの熱帯雨林の保護活動も行っている。

千葉市動物公園
リスタート園長ガイドブック

2018年2月15日初版第1刷発行

著/石田 戢
発行者/松田健二
発行所/株式会社　社会評論社
〒113-0033　東京都文京区本郷2-3-10　お茶の水ビル
電話　03(3814)3861　FAX　03(3818)2808
印刷製本/倉敷印刷株式会社
http://shahyo.sakura.ne.jp/wp/
book@shahyo.com

7